小学館文庫

世界遺産 太鼓判 55

世界遺産を旅する会・編

JN266248

小学館文庫

目次

第一章 聖地を巡礼する

第二章 芸術家ゆかりの街を訪ねる

第三章 自然の偉大さを考える

第四章　古代人の知恵に驚く

第五章　都市の建築を楽しむ

モンゴル
万里の長城
38
泰山 17
九寨溝渓谷
34
中国
ルマータ
ルアン・プラバン
16
40
スコタイ
ラオス
タイ
ベトナム
フィリピン
日本
インドネシア
41
プランバナン寺院
オーストラリア
ニュージーランド
タスマニア原生地域 36

収録世界遺産地図

ロシア
51 モスクワのクレムリン
カザフスタン
ウズベキスタン
50 ブハラ
14 カイルアン
シリア
48
ダマスカス
イラン
ラホール城
49
パキスタン
ネパー
33
18
ロイヤル・チトワン
カトマンズの
レプティス・マグナ 45
44
キレーネ
アルジェリア
リビア
エジプト
サウジアラビア
インド
マリ
ニジェール
スーダン
13 ラリベラ
エチオピア
タンジャーヴール
39
キャンディ 15
スリラン
ルウェンゾリ山地 35
ウガンダ
タンザニア
ザンビア
ツィンギ・デ・ベマラハ
37
マダガスカル
南アフリカ

アラスカ
27 アラスカ・カナダ国境地帯の
山岳公園群
カナダ
アメリカ合衆国
28
レッドウッド
エヴァーグレーズ
29
メキシコ
ウシュマル
25 オールド・ハバナ
26
43
キューバ
31
グアダラハラ
ベリーズ・バリア・リーフ
ベネズエラ
コロンビア
ペルー
ブラジル
47
クスコ
46
ブラジリア
チリ
アルゼンチン
30 バルデス半島

スウェーデン
フィンランド
ノルウェー
ラトビア
リトアニア
イギリス
24 リューベック
ドイツ
ポーランド
カンタベリー大聖堂 9
アーヘン大聖堂
4
23
ワイマール
チェコ
アミアン大聖堂 6
22
モルドヴァ地方
シャルトル大聖堂 5
55
チェスキー・クルムロフ
12
11
フォントネー 7
ストラスブール
マラムレシュ地方
フランス
ルーマニア
サンティアゴ・デ・コンポステーラ
8
イタリア
サラマンカ
ローマ
バターリャ
54
53
19 20
1 52
10
セゴビア
バルセロナ
バチカン・シティ
アトス山 2
21 シントラ
ギリシア
ポルトガル
スペイン
3
ダフニ修道院
マルタの巨石神殿群
カイルアン
42
マルタ
14
モロッコ
チュニジア
アルジェリア
キレーネ
レプティス・マグナ
44
45

ロが建築を指揮した巨大なドームが、ローマから世界を見守る。

第一章 聖地を巡礼する

テヴェレ川右岸のバチカン・シティにそびえるサン・ピエトロ大聖堂。ミケランジェ

九〇〇億カトリック教徒の首都

❶ バチカン・シティ

バチカン

アクセス　ローマ・テルミニ駅からバスで約20分、または地下鉄オッタビアーノ駅下車、徒歩約10分
所在地　ローマ市中心部
登録名　Vatican City

西暦六四年頃、暴君ネロの円形闘技場で、キリストの一番弟子ペテロ（ピエトロ）が逆さ十字架にかけられて殉教《じゅんきょう》した。貧しい漁夫であったペテロはイエス・キリストの信頼があつく、こんな言葉を贈られている。「あなたはペテロ（石）である。私はこの石の上に私の教会を建てよう。そしてあなたに天国の鍵を授けよう」。この予言どおり、ペテロの墓の上には教会が建った。三四九年、ローマ皇帝コンスタンティヌスの創建であった。サン・ピエトロ大聖堂の始まりである。

歴代ローマ教皇は、天国の鍵を預かるペテロの後継者としてカトリック教会の頂点に君臨し、巨大な影響力を及ぼしつづけた、西洋史の巨人である。二十世紀には教皇を元首とするバチカン市国が独立した。

バチカンは、独自の政府、憲法、警察、貨幣やラジオ局をもつ。面積は四四ヘクタール。世界最小の国で、ある教皇はこれを「ハンカチほどの土地」といった。だが、このハンカチの上にのる建物はとにかく豪勢だ。三〇万人の信者を収容する楕円形のサン・ピエトロ広場。

284本の円柱が囲む楕円形のサン・ピエトロ広場が一般謁見の人々で埋まる。

十六～十七世紀の天才芸術家が力を注いだ大聖堂。とくにその内陣は、バロックの巨匠ベルニーニが光の劇的効果を演出した天国のような壮麗さである。そして二〇あまりの美術館からなるバチカン美術館。ミケランジェロのシスティーナ礼拝堂だけでも圧巻なのに、歴代教皇が集めた美術品が全長七キロにわたり展示され、世界各国からの参拝者が絶えない。

しかしバチカンの本来の姿は、日曜日や聖日にここに来て祈る人々の横顔にある。世界のどこかで大きな事件が起こったとき、広場には自然と人々が集まり、教皇とともに祈りを捧げようとする。その真摯な姿に、二〇〇〇年にわたるキリスト教の脈々たる力を感じるのである。

バチカンの大聖堂主祭壇で行われる厳かなクリスマス・ミサ。

主祭壇の下にある歴代教皇の墓室入口。聖ペテロの埋葬地の上につくられている。

この世ならぬ光が差しこむ大聖堂のドーム内部。聖ロンギヌス像はベルニーニの作。

現世から隔絶された神秘的な修道院国家

❷ アトス山

ギリシア

ギリシア北部のアクティ半島先端に、ギリシア正教最大の聖地といわれる修道士の国、聖山アトスがある。海岸線には険しい崖が切り立ち岩肌がのぞく。天然の地形が人を遠ざけ聖母の宿る山を護《まも》っている。半島全体がギリシアから自治を認められた唯一の国家で、二〇の修道院からなる僧侶政府が約一五〇〇人の修道士を治める。入国にはビザの発行と厳しい荷物検査を受けなければならない。ただし入国できるのは男性のみ。女人禁制で、動物の雌まで入山禁止という厳格さだ。

修道院の建造は十世紀から始まった。以来変わらずこの地では中世さながらのユリウス暦が使用され、日没が午前零時とされる。電灯のない、数百年前と変わらぬ生活。修道士たちは日夜「キリエ・エレイソン（主よ憐れみたまえ）」で始まる祈りを捧げ、労働や苦行に励み、神の神秘な光を見ることを願っているという。ここは俗世界とはまったく異なる隔絶された秘境なのである。アトスはまた中世ビザンチンの壁画やイコン、写本などの宝庫としても知られている。

アクセス　テッサロニキや周辺の町で観光クルーズに参加し、船上から修道院群を眺めることが可能。入山には予め許可が必要

所在地　ギリシア北部、テッサロニキの南西130km。アクティ半島先端

登録名　Mount Athos

瞑想する修道士。孤独を求めひとりで祈りに没頭する。

断崖や山奥に庵をつくり、そこでひとり、もしくは2、3人で修行する隠修士もいる。

外敵の侵入を防ぐため高い建物で囲まれた要塞のようなつくりである。

10世紀創建のゼノフォンタス修道院。アトスのほかの修道院と同様、海賊の襲来など

黄金のモザイク画が輝く神聖な小宇宙

❸ダフニ、オシオス・ルカス、ヒオス島のネア・モニの修道院

ギリシア

アクセス　ダフニ、オシオス・ルカス修道院へはアテネからバスや、ツアーあり。ネア・モニへはアテネから飛行機で約４時間
所在地　ダフニはアテネの西10km。オシオス・ルカスはアテネの西北約110km。ネア・モニはエーゲ海東部のヒオス島
登録名　Monasteries of Daphni, Hossios Luckas and Nea Moni of Chios

ダフニ、オシオス・ルカス、ネア・モニ修道院はいずれも緑豊かな土地に立つギリシア正教の修道院である。地理的には離れているが、ともに中期ビザンチン美術を代表する十一世紀の聖堂建築とみごとなモザイク壁画をもつため、ひとつの世界遺産として指定されている。

石づくりの建物の外観はどの聖堂もどっしりとして、どことなく素朴な印象だ。しかし聖堂に入り上を見上げた途端、高い丸天井いっぱいに燦然《さんぜん》と輝く黄金のモザイク画が目に飛びこんできて驚かされる。

ギリシア正教会の内部装飾には、もともと荘厳な黄金地のモザイク画が好まれていた。西ローマ帝国のキリスト教とは異なる発展をしたビザンチン（東ローマ帝国）の教会美術では、人間を超越した神の神聖さをいかに特別に表現するかが熱心に追究された。そこでは写実的な体の表現や遠近法はあえて避けられ、奥行きのない平面性が尊重される。モザイクはそのような表現に適した技法だった。

ダフニ修道院主聖堂に見られるキリストは、パントクラトール（万物

ダフニ修道院主聖堂のキリストのモザイク。

オシオス・ルカス修道院の大天使ミカエル。

の統治者）と呼ばれ、天球を表す聖堂のいちばん高いドームから信者を厳《おごそ》かに見下ろしている。このキリストを中心に聖母子やキリストの生涯などのモチーフが厳密な図像プログラムにしたがって描かれている。これらの聖堂の内部空間は、神の秩序がすみずみまで響き渡った聖なる神の小宇宙なのであり、モザイクの黄金の輝きは神の永遠性の象徴として祈る者に降り注いだのである。

丸い屋根をもつダフニ修道院主聖堂。外壁と瓦の色合いが印象的である。

オシオス・ルカス修道院。石とレンガを組み合わす方法で建てられている。

アクセス　ケルンから列車で約40分
所在地　ノルトライン・ヴェストファーレン州アーヘン
登録名　Aachen Cathedral

❹アーヘン大聖堂

ドイツ

カール大帝が建てた「天上のエルサレム」

窓からの光が闇を射るように差し、ドームのモザイク画が黄金に輝く。「天上のエルサレム」。あまりの神々しさに大聖堂を称揚するこんな比喩が思い出される。アーヘンの大聖堂は幅と高さと長さが同じで、「ヨハネの黙示録」に描かれた、天上のエルサレムを暗示するという。

八〇〇年、教皇レオ三世は、フランク王カール一世に西ローマ皇帝の称号を授けた。当時、ローマ教会は偶像崇拝をめぐって東ローマと対立しており、次の庇護者を求めていたのである。カール大帝の戴冠は、聖俗両方の権力がひとつになることを意味し、その後、キリスト教を中心とした欧州社会の再編をうながすこととなった。

アーヘン大聖堂は、東ローマ帝国と対等であることを示そうとしたカール大帝が宮廷礼拝堂として創建したもの。大帝は死後、神聖ローマ帝国の守護聖人とされ、大聖堂には大勢の巡礼者が列をなすようになった。聖堂には歴代の神聖ローマ皇帝の戴冠式に使われた「カール大帝の玉座」があり、「カール大帝の聖遺物箱」が安置されている。

フリードリヒ１世の奉献。

アーヘン大聖堂の西の塔。

戴冠式用の「カール大帝の玉座」。

大聖堂の八角形のドーム。中世において８は完全無欠な数とされた。シャンデリアは

聖母マリアに捧げたシャルトル・ブルーの聖堂

❺シャルトル大聖堂

フランス

アクセス　パリ・モンパルナス駅から電車で約1時間、シャルトル駅下車
所在地　サントル地方ウール・エ・ロワール県
登録名　Chartres Cathedral

シャルトルの大聖堂は聖母マリアに捧げられている。聖母の着衣とされる聖遺物が伝えられ、古くから巡礼者を集めた。今も国内のみならず、遠方からの巡礼者がひきもきらない。そんな巡礼の旅の疲れを癒してくれるのは、シャルトルの名高いステンドグラスの輝きである。十二～十三世紀につくられた一七三枚に及ぶステンドグラスの繊細な光は刻々とその表情を変え、堂内を神の光で満たして荘厳な静けさを生んでいる。とくに基調となる青の澄んだ美しさは比類がなく、シャルトル・ブルーの名を生んだ。キリストを膝に抱いた青い衣の「美しき絵ガラスの聖母」と三つの薔薇《ばら》窓の神秘な光は筆舌に尽くしがたい。

十二世紀半ばにフランスで誕生したゴシック建築は、ステンドグラスのために発達したといってもいい。ロマネスクの窓が少ない暗く重たげな堂内にかわり、垂直に高く伸びた軽やかな内部空間に大きな窓がとられ、新しい光が洪水のように溢れた。これは細くなった柱にかかる重みを外の飛梁《とびはり》に逃がし、控え壁で支える構造が可能にした。

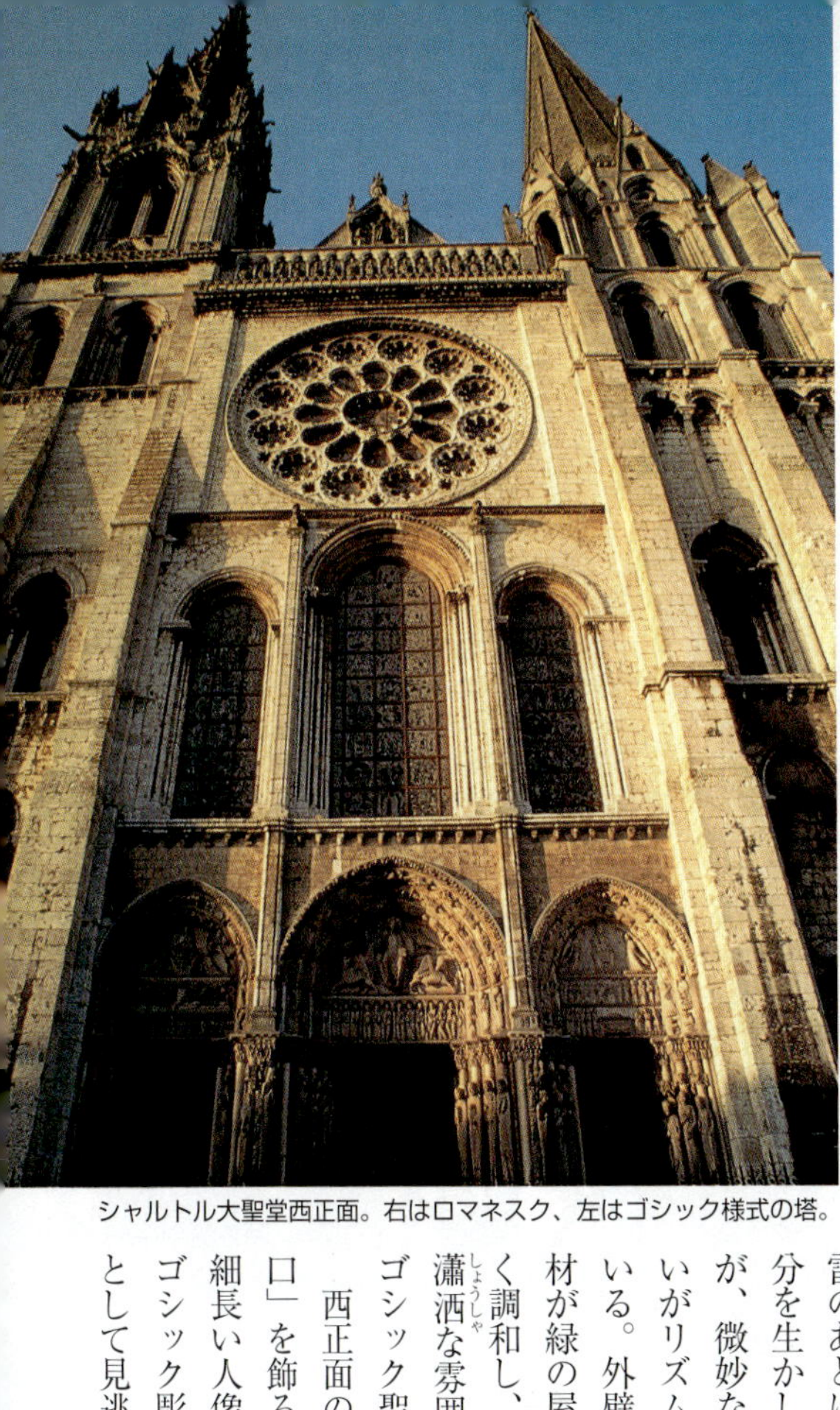

シャルトル大聖堂西正面。右はロマネスク、左はゴシック様式の塔。

シャルトル大聖堂は、一つはロマネスク、もう一つはゴシックという不揃いの尖塔を正面左右にしたがえた印象的な姿である。火災や落雷のあとに残った部分を生かした結果だが、微妙な高さの違いがリズムを生んでいる。外壁の白い石材が緑の屋根と美しく調和し、気品ある瀟洒《しょうしゃ》な雰囲気が漂うゴシック聖堂だ。

　西正面の「王の扉口」を飾る等身大の細長い人像円柱も、ゴシック彫刻の傑作として見逃せない。

語や聖人伝説が、澄んだ青と強い赤の配色を主にして描かれる。

シャルトル大聖堂は総面積2700平方メートルに及ぶステンドグラスが圧巻。聖書物

石の彫刻群が謳いあげる聖者の物語

❻ アミアン大聖堂

フランス

アクセス　パリから電車で約１時間、アミアン駅下車
所在地　ピカルディー地方ソンム県
登録名　Amiens Cathedral

正面に立つと、とにかく圧倒される。石に刻まれたおびただしい彫刻。まるで無数の彫像が天に向かって大合唱をしているようだ。

アミアン大聖堂は、フランスのゴシック聖堂で最大の規模を誇る。十三世紀に七〇年に満たない期間で完成されたため、スタイルに統一のとれた美しさが見られ、盛期ゴシック建築の頂点と讃えられている。

大聖堂正面扉口では、彫刻がさまざまな聖人伝説や聖書の光景を繰り広げている。これらは人々にキリストの教えを視覚的に伝えようとしたもので、民衆のための「石の聖書」とか「石の百科事典」といわれる。莫大な費用を要するゴシック大聖堂の建築には民衆の協力が不可欠で、人々にアピールする彫像群やステンドグラスが発達したのだ。

中央扉口の柱に彫られたキリスト像「美しき神」に代表されるように、彫像にはルネサンスの写実につながっていく人間らしいいきいきとした感情表現が花開いている。なかには土地の聖者で初代大司教のフィルマンや地元の人々の彫像も見られ、聖書と現実の世界がともに

大聖堂の西側正面。薔薇窓の下にはフランス歴代の王22人の彫像が並ぶ。

みごとに配置されて、キリスト教世界の豊かな調和を表している。

堂内にひとたび入れば、はるか高い天井が醸《かも》しだす厳粛な雰囲気に自然と背筋が伸びる。内部にも回廊の歴代司教の墓を飾る彫刻や、内陣聖歌隊席の木彫など、すさまじい数の彫像がある。アミアン大聖堂の彫刻は内外あわせて三六〇〇とも四〇〇〇ともいわれている。

身廊《しんろう》の床には、たどって行くと中心部に行き着くよう大理石が埋め込まれたラビリント（迷宮）という巧妙な細工がある。中心には建築に携わった人々の名前と肖像が見つかる。この稀有《けう》な大聖堂をつくりあげた人々の誇りと喜びが伝わる仕掛けである。

アミアン大聖堂内部。細い柱と高い天井が強い上昇感を与えるゴシック聖堂の典型。

西側正面扉口。中央の柱にあるのが「美しき神」。その上に最後の審判が彫られる。

翼廊の壁面を飾る彩色の彫像群。聖ヤコブの伝説が主題となっている。

清貧を愛した白い修道士たちの祈りの場

❼フォントネーのシトー会修道院

フランス

アクセス　パリからTGVで約2時間、モンバール駅下車。そこからタクシーか徒歩、距離約2km
所在地　ブルゴーニュ地方コート・ドール県
登録名　Cistercian Abbey of Fontenay

祭壇にポツンと置かれた聖母子像、聖堂には彫刻や壁画の装飾もなく、塔もない。簡素なつくりである。しかしそこに限られた光が差しこむと、シンプルなアーチ形の天井に陰影を映し、なんとも美しく粛然とした空間がつくられる。

富と権力を志向するクリュニー派の姿勢に不満をもった人々により一〇九八年に結成されたシトー派修道会は、聖ベルナールの命を受け、一一一八年にブルゴーニュの荒野フォントネーに修道院を創設した。

世俗から離れた修道士たちのそこでの生活は、過酷なまでに禁欲的で慎《つつ》ましやかであった。農作業や開墾などの労働によって自給自足がまかなわれ、季節によって日に一度か二度の粗末な食事。暖房もなく、夜は冷えこむ広い寝室に身を寄せ合って眠る。「白の修道士」と呼ばれるいわれとなった生成《きなり》のウールの白衣一枚を身にまとい、祈りと瞑想と労働の日々を送っていたのである。修道院の静かな空間に立つと、物質的な執着を離れた清らかな安らぎを感じることができる。

シトー会の修道院は好んで人里離れた荒野に建てられた。

修道院内部。反復されるシンプルなアーチが瞑想に誘う。

苦難の果てにたどり着く巡礼の聖地

❽サンティアゴ・デ・コンポステーラ旧市街

スペイン

アクセス　マドリードからバスで9時間、列車で9時間30分
所在地　スペイン西端ガリシア地方ラ・コルーニャ県
登録名　Santiago de Compostela(Old town)

遠くフランスやドイツからピレネーとカンタブリアの山脈を越え、ただひたすら歩き通してきた巡礼者たちが、最終目的地サンティアゴ・デ・コンポステーラの街並みや、大聖堂の尖塔を目にしたときの感激はいかほどのものだったろう。イベリア半島の北西端にあるこの聖堂まで、数百から一〇〇〇キロにも及ぶ道のりである。

サンティアゴは、キリストの十二使徒の聖ヤコブのスペイン語名。伝承によれば、パレスチナで殉教《じゅんきょう》したヤコブの聖骨は弟子たちによってイベリア半島に運ばれて埋葬された。九世紀の初め、明るい星に導かれた修道士が幻の墓をこの地で発見し、国王の命によって小さな礼拝堂が建てられたのが聖地の起源という。「キリスト教世界の光」と呼ばれ、憧れの地となったサンティアゴには、多くの教会、修道院が立ち並び、最盛期の十二世紀には年間五〇万もの人々が訪れた。

ロマネスク彫刻に飾られた美しい大聖堂。「栄光の門」中央柱に刻まれた聖ヤコブ像は八〇〇年以上もの間、巡礼者を迎え入れている。

聖ヤコブの遺骨が眠ると伝えられる壮麗な大聖堂。旧市街には50以上の聖堂が立つ。

コラム

サンティアゴ・デ・コンポステーラの巡礼路

現在、世界遺産に登録されている唯一の「道」を案内しよう。次ページの地図に見るように、道といっても、フランス各地から主要な巡礼路だけでも四本。副次的なもの、付随する細道まで含めると、実際には無数のルートがあった。これらの道が向かう先は、ヨーロッパの西の果ての聖地である。

サンティアゴ・デ・コンポステーラ（34ページ）は、中世ヨーロッパにおいて、エルサレム、ローマと並ぶキリスト教三大聖地のひとつであった。この地がキリストの十二使徒の聖ヤコブの骨の埋葬地であることにより、きわめて重要な巡礼地となったのは、じつは当時のイベリア半島が置かれた状況によるところが大きい。

サンティアゴがあるスペイン北西部では、八世紀に成立したアストゥリアス王国が、半島に侵入してきたイスラム教徒を相手に最後まで抵抗し、レコンキスタ（国土回復戦争）の拠点となっていた。聖地サンティアゴの存在は、スペインのみならず、全ヨーロッパのキリスト教徒にとって八〇〇年もの間、続いた異教徒との戦いの象徴でもあったのだ。

ピレネー山脈以北のキリスト教国の支援を頼むスペインの各王は、巡礼を大いに奨励し、宿泊施設や施療院、街道の整備などに努めた。道沿いには著名な聖人の遺物を安置する教会が建てられた。人々はキリストの苦しみにあやかりながら長い道のりを歩き続け、各地の聖遺物を崇拝しつつ、一路イベリア半島に向かう。一時は年間に五〇万にも及ぶ人が動いたのだから、巡礼路は各地の産物が行き交う中世ヨーロッパの大動脈となっていった。さらに重要なのは、巡礼の往復が、各地の文化の交流を生んだことである。とくに巡礼路を通じてロマネスク様式が広がっていったことは、ヨーロッパの芸術の発展にとって特筆すべきだろう。

巡礼路の基点のひとつ、ヴェズレーのサント・マドレーヌ教会

十一～十二世紀にかけてつくられた石造の穹窿《きゅうりゅう》（弓形の曲面天井）を特徴とするロマネスクの教会は、その土地の石材を用い、装飾も高価なモザイクを使用せず、壁画によるものだ。それゆえ、この様式の教会は都市や村だけでなく、山奥や荒野の果てまで建てられ、現在でも数多く残っている。教会の入口上部にはキリスト像を中心に使徒たちが、内部の柱頭にも聖書の挿話が浮き彫りにされ、キリスト教の教えを人々に視覚的にやさしく訴えた。

巡礼路の博物館でもあるアストルガの司教館

十二世紀に書かれた巡礼路の案内記が現存するので、当時の様子を知ることができる。巡礼者たちは出発の前にまず遺言状を認《したた》めた。旅立ちの様子は、水やぶどう酒をヒョウタンに入れて杖に結びつけ、肩から旅嚢《りょのう》を下げ、巡礼者の印であるホタテ貝を身につけるというもの。長い苦難の旅の末、サンティアゴに到達した者は、神の祝福と罪の許しを得る。王侯貴族から一般の旅人まで、聖地信仰は社会のあらゆる階層に

現在はパラドールになっているレオンの旧サン・マルコス修道院

ホタテ貝の貝殻を身につける巡礼者

及んでいた。

　十六世紀以降、巡礼路は衰退に向かったが、今世紀に入り、旅行が便利になったこともあって、再び注目を集めるようになった。一九九三年にスペイン国内の、九八年にフランス国内の巡礼路が、この特異な信仰の歴史、文化を継承する意味において世界遺産に登録された。フランスのモン＝サン＝ミッシェル、シャルトル（24ページ）、アヴィニョン、リヨンなどの人気の高い世界遺産も、この巡礼路に沿った教会であり、街である。

　現在でも年に数万人の巡礼者がホタテ貝の貝殻を身につけて、この道をたどっている。白装束《しろしょうぞく》に「同行二人《どうぎょうににん》」と書いた笠をかぶって歩く四国八十八カ所霊場巡りを思い出すと、遠いヨーロッパの巡礼地も身近に感じられるだろう。

　歩けばスペイン国内だけで一カ月以上といわれる長大な巡礼路である。観光バスかレンタカーによって動くのが現実策ではあるが、最後の数キロだけでも歩き、峠を越えてサンティアゴ・デ・コンポステーラに到着してほしい。

　巡礼路沿いには修道院や貴族の館を改造したスペイン国営のホテル「パラドール」がいくつも立っている。とくにサンティアゴ・デ・コンポステーラ大聖堂間近のパラドール（もとは王立施療院）は、世界のＶＩＰも宿泊する歴史のある建物。細部の意匠や中庭など、豪華で風格のあるたたずまいが楽しめる。

イギリス人の心に息づく巡礼地

❾ カンタベリー大聖堂、聖オーガスティンズ修道院、聖マーティン教会

イギリス

アクセス　ロンドンから列車で約1時間40分
所在地　イングランド、ケント県カンタベリー
登録名　Canterbury Cathedral, St.Augustine's Abbey and St.Martin's Church

イギリス随一の巡礼地、カンタベリー。天を突くかのようにそびえる大聖堂は、英国で最初のゴシック建築である。身廊に入ると天井の高さに目を奪われる。見上げると白い柱の先端が扇のように広がり、高い天井を支えている。足元には無数のステンドグラスからの光が降り注ぎ、乳白色の床に色彩の影を落とす。

聖堂の奥には、大司教トマス・ベケットの墓がある。ベケットは教会裁判権をめぐってヘンリー二世と対立し、一一七〇年、あろうことか国王の刺客によってこの聖堂内で暗殺された。しかし事件ののち、深い慙愧《ざんき》の念にとらわれた国王は、神に赦《ゆる》しを乞い、人々にカンタベリー詣でを奨励した。三年後、ベケットが聖人に列せられると、墓には巡礼者が押し寄せるようになる。チョーサーの『カンタベリー物語』には、ベケットを敬い、カンタベリー詣でをする当時の民衆が描かれている。今日でもベケットの墓前で人々は十字を切り、黙祷を捧げる。

十六世紀にヘンリー八世が自らの離婚問題に関してローマ教会を離

脱し、イギリス国教会を設立すると、大聖堂は国教会の総本山となった。現在も国王の戴冠式や結婚式などは、カンタベリー大司教によって執り行われている。

大聖堂入口、クライスト・チャーチ・ゲートは天使、聖人像で飾られる。

聖オーガスティンズ修道院は、六世紀にこの地を訪れ、布教に努めた聖アウグスティヌス（オーガスティン）に捧げられたもの。ヘンリー八世によって閉鎖され、現在は廃墟である。広大な遺構からは、イギリスにおけるキリスト教の黎明《れいめい》期を偲ぶことができる。

16世紀の建造。柱の先端を飾る扇状装飾は、イギリス独特の様式。

カンタベリー大聖堂の建築のなかでもっとも高い大塔「ベル・ハリー・タワー」内部。

奇跡の勝利を記念する戦いの修道院

⑩ バターリャの修道院

ポルトガル

アクセス　リスボンから急行バスで2時間～2時間30分。列車でレイリアまで3時間、そこからバスかタクシー。またはナザレ、ファティマ、アルコバッサから直通バス
所在地　リスボンの北約120km、バターリャ市街
登録名　Monastery of Batalha

勝ち目のない戦いだった。スペイン・カスティーリャ軍の兵一万に対し、ポルトガル軍はわずか数分の一。ポルトガル王ジョアン一世は聖母マリアに守護を祈った。そして奇跡の勝利が訪れる。一三八五年のこの戦闘は、ポルトガルの独立を賭けた歴史的な戦いであった。三年後、ジョアン一世は聖なる戦場のそばに、勝利の聖母修道院の建造を開始。人々はこれを「バターリャ（戦い）の修道院」と呼んだ。

十六世紀まで建造が続いた建物は、ゴシック様式とポルトガル独特のマヌエル様式が混淆《こんこう》する、ポルトガル屈指の優美な建築だ。マヌエル様式には大航海時代を反映してイルカなどの海洋モチーフや、インドなど異国の影響が見られる。その装飾はまるで貴婦人の胸元のレース細工のように繊細華麗だ。修道院の王の回廊や、未完の礼拝堂のアーチに、この幻想的なまでに緻密な装飾を見ることができる。修道院にはジョアン一世夫妻や息子のエンリケ航海王子ら、ポルトガル黄金期の立て役者が永眠し、ポルトガル人のプライドを静かに伝えている。

未完の礼拝堂では天井の蒼穹がマヌエル様式の装飾をいっそう美しく見せている。

キリスト教徒の誇りを語る聖堂壁画

⓫ モルドヴァ地方の教会

ルーマニア

アクセス　スチャヴァへはブカレストから約6時間30分。各修道院へはそこから鉄道やバスを乗り継ぐ
所在地　モルドヴァ地方スチャヴァ近郊
登録名　Churches of Moldavia

峻険なカルパチア山脈の麓《ふもと》、緑深い北モルドヴァの森と丘が続く鄙《ひな》びた山あいの村々に、その宝石のような修道院は点在する。軽やかな柿葺《こけらぶ》きの屋根がのった愛らしい三葉形の聖堂。しかし何より目をひくのは、聖堂の外壁全面が、色鮮やかな壁画で覆いつくされている点だ。

これらの修道院は、モルドヴァ公国が全盛期を迎えた十五世紀後半、シュテファン大公の時代に建て始められた。当時バルカン半島には、ビザンチン帝国を滅ぼした強大なイスラム帝国、オスマン・トルコの勢力が迫っていた。大公はこの圧力に挑み、同時にポーランドの侵略を防いで公国の独立を守った名君である。ローマ教皇は大公を、異教徒からキリスト教世界を守護する「聖なる騎士」と称讃した。

彼は戦いに勝利するたびに、神に感謝して修道院を建設したという。後継の王もそれにならい多くの聖堂を寄進した。とくに大公の子ペトル・ラレシュ王は、聖堂の外壁をビザンチン風のフレスコ聖像画で埋め尽くす手法を広めた。美しい色彩と素朴な人物描写で建物を飾った

ヴォロネツ修道院西壁の最後の審判図。地獄の火に焼かれているのはトルコ人だ。

のは、字の読めない民衆を「絵による聖書」で教化し、異教徒に対しキリスト教徒の誇りを高める目的があったのだろう。壁画のなかで主の教えにそむく悪役をターバンを巻いたトルコ人として描いていることにも、それがうかがわれる。このようにこれら北モルドヴァの修道院は、異教徒・異民族の侵略に対するルーマニア正教徒の聖戦の象徴なのである。

現在、「ヴォロネツの青」と呼ばれる謎めいたブルーの色彩で有名なヴォロネツ修道院のほか、モルドヴィツァ、フモールなど七つの修道院が世界遺産に登録されている。それ以外にも深緑の壁画が印象的なスチェヴィツァ修道院など訪れたい教会が多数ある。

壁画の保存状態も良くコンスタンティノープル攻略の場面で有名。

緑の大地に映えるモルドヴィツァ修道院は1532年にペトル・ラレシュ公が建造。

山あいの農村に立つモミの木の教会

⑫マラムレシュ地方の木造教会

ルーマニア

アクセス　ブカレストからバイア・マーレまで飛行機で約1時間15分。そこから各村への拠点となるシゲット・マルマツィエィまでバスで約3時間
所在地　ルーマニア北部マラムレシュ地方、デジの北方50km
登録名　The Wooden Churches of Maramures

ルーマニア北部、ウクライナとの国境近くに「フォークロア（民間伝承）の宝庫」といわれるマラムレシュ地方がある。山あいのこの地方は、地形上、都市文化からも政治情勢からも距離を置いていたために、中世ヨーロッパの農村の暮らしが脈々と今も受け継がれている。

羊を飼い、半農半牧の生活を送るマラムレシュの人々にとって、心のよりどころとなっているのが教会である。日曜日には手づくりのカラフルな民族衣裳でお洒落をした村人が続々と礼拝にやってくる。女たちはスカーフをかぶりザディエと呼ばれるエプロンを身につけ、まるでおとぎ話から飛び出したようだ。宗教行事も多く、なかでも春のイースターは、厳《おごそ》かに執り行われる。教会は村人たちが手にしたろうそくの光に包まれ、シルエットを闇に映し出す。このときから季節は春となり、村人は畑を耕しはじめ、羊の毛を刈るのである。

マラムレシュの教会は、主にモミの木でできた板葺き屋根が独特の木造建築。一九九九年、八つの教会が世界遺産に登録された。

600年以上の歴史をもつイェウド教会。日に何度も鐘の音が響く。

ヨーロッパ中世の化石

みや　こうせい

何の予備知識もなくルーマニアへふりの旅びととして入ったのが一九六五年のこと。この国は現地名でロマニアというように、ローマ帝国ともかかわりがあり、言葉はイタリア語とよく似ている。この土地に住む人をひそかに亜ラテンの民と呼ぶ。神の如くあたたかく親切な人達で、飛びっ切りのもてなし好き。彼らの辞書に、無愛想とか意地悪という単語はない。あるのは、寛容、無私、献身。この国に入った瞬間、人々の気質に触れてルーマニアックとなってしまった。一度行った人は二度、三度と行く。ぼくはとうとう一〇七回も足を運んでしまう。

ミサのあとで　ポイエニ村にて　撮影・みや こうせい

はじめこの国に入った時から、人々にマラムレシュへ必ず行くように勧められる。マラムレシュこそ本当のルーマニア、人々はやさしく誰でも迎え入れてくれる。食事も泊まる所も困らない、云々。三カ月後にその地方へ赴き、虜《とりこ》になった。どこかしら、見たことはないけれど、明治の日本のいなかの雰囲気に似ているのだ。平原部からカルパチア山脈を越えたら、全くの別天地が開けた。シンメトリーのモミの木を等分に割って、最後の柾板《まさいた》で屋根を葺《ふ》いた家、その集落、人と動物が親しく共存している。人々は、農業と牧羊をいとなみ、まことに信心深い。年中、羊を相手にしているから、表情もしぐさもどことなく羊に似ている。

マラムレシュは、ヨーロッパ中世の化石と称され、ルーマニアでも、さいはての地といわれて、しかも、人々はここを世界の中心といい、誇らしげだ。ここには自然に添ってくらす、人間のいとなみがあり、人間が人間の魂が豊かに息づいている。

村のシンボルは何といっても教会だ。宗教はルーマニア正教。教会は、土台になる部分はナラ材を使い、あとは塔に至るまですべてモミ材。釘は使わない。その形状からルーマニア・ゴシックといわれ、特に尖塔は楚々と優美である。モミはマラムレシュの人にとって、森の王者といわれる通り、神に似た存在である。無名の民は、モミの木を使って遂にはモミのかたちをした教会を造る。鐘楼に上って下を見ると、教会は十字のかたちを成し、横から見るとノアの箱舟だ。

ティサ川を伝ってドナウに流れこむ四つの川の流域に点々と発達した集落に入るたび、教会の尖塔を探す。教会は大体丘の上にあり、

教会の地獄絵　撮影・みやこうせい

人々の心の支柱で、鐘の音は村の人にとり天の声に聞こえる。日曜、祭日に村の人々は教会に集まり、儀式に参加する。教会の内部、後方の半分張り出した二階に聖歌隊が並んで、延々と賛美歌を歌いつぐ。東に祭壇があって、ナオス、プロナオスと男女が分かれて祈る部屋があり、入口は常に日の沈む西へ向いている。

教会によっては、内部の壁に地獄絵が描かれ、これを見ることで、文字を読めなく書けない人の多かった頃は、タブーを学んで、いましめとした。素朴で滑稽な絵が笑いを誘う。独裁制が倒れたのち、村の雰囲気はさらに明るい。人々はみずから汗して働き、おらが村の伝統を守るという気概に満ちている。

（エッセイスト）

巨大な一枚岩を掘り下げた教会

⑬ラリベラの岩窟教会群

エチオピア

アクセス　アジスアベバから周遊エアチケットあり
所在地　エチオピア北部、アジスアベバの北北西約400km
登録名　Rock-hewn Churches, Lalibela

エチオピア高原北東部のラリベラの地に一一の教会が立っている。立っているという言葉は適切でないかもしれない。なにしろこれらの教会は巨大な一枚岩を地表から掘り下げてつくられているのだ。入口は周囲の地面の下にあり、地面の高さに屋根部分があることになる。

十二世紀の末、ザグウェ朝ラリベラ王の夢に神が現れ「ロハ（現ラリベラ）の街を第二のエルサレムにせよ」と告げた。そして王自らが指揮をとり一一の岩窟教会を築き、街を流れる川をヨルダン川と名づけ、エルサレムに見立てたのである。

これらの教会はヨルダン川を挟んで二地区に分かれている。北に五つ、南に五つ。残るひとつは少し離れたところにあるギョルギス教会で、十字架形の教会として名高い。驚くべきことにそれぞれの教会は地下通路でつながっている。教会には窓もあり彫刻が施されている。いたるところで僧侶が聖書を説き、巡礼者が祈りを捧げている。王の夢から八〇〇年を経た今も、ラリベラはエチオピア人の聖地なのだ。

十字架の形に掘りぬかれたギョルギス教会。幅、奥行き、高さはともに約12m。

聖ゲオルギウスの祝日の前日のギョルギス教会。

司祭たちが讃美歌を歌い、踊りを神に捧げる。

祝祭の日には、おびただしい数の巡礼者たちがラリベラに集う。彼らに見守られて、

イスラム教の四大聖地のひとつ

⑭ カイルアン

チュニジア

アクセス　チュニスからバス、またはルアージュ（乗り合いタクシー）で約3時間。スースから約1時間30分
所在地　チュニジア中北部、チュニスの南約120km
登録名　Kairouan

堅牢な城壁に囲まれ、五〇以上ものモスクが立ち並ぶ古都カイルアン。「この地への七回の巡礼は、メッカへの巡礼一回に相当する」、と謳《うた》われたイスラム教の聖地である。

七世紀後半、西へと版図拡大を目指したウマイヤ朝は、北西アフリカで最初のイスラム都市カイルアンを建設する。以来、アラブ王朝の首都が置かれ、イスラム勢力がイベリア半島へ進出する拠点となった。

信仰の中心グラン・モスクは、上空から見るとT字形の特徴的な形をしている。T字の横軸にあたる部分が礼拝室。カルタゴなどの遺構から移された、植物装飾をいただく柱が森のように並ぶ。視界を幻惑する列柱の奥に、メッカの方向を示すミフラーブ（壁龕《へきがん》）が設けられている。金と紺の精緻なタイル画と大理石の透かし彫りで飾られ、あたりを厳《おごそ》かな静寂が支配する。

もうひとつ見逃せないのがシディ・サハブ・モスク。壁面を色鮮やかなアラベスク模様が覆い、微細な装飾が生み出す迫力に圧倒される。

グラン・モスクのミナレット(尖塔)。独特の形状はアレキサンドリアの灯台が原型。

グラン・モスクのミフラーブ。金と紺の彩釉タイル画は、バグダードからの贈り物。

グラン・モスク礼拝室。カイルアンはメッカ、メディナ、エルサレムに次ぐ聖地。

シディ・サハブ・モスクは、預言者マホメットの従者に捧げられたもの。

仏陀の歯をまつるスリランカ仏教の中心

⑮ 聖地キャンディ

スリランカ

アクセス　コロンボから急行で約3時間。インターシティ・エクスプレス・バスでは約3時間30分
所在地　セントラル県中央部
登録名　Sacred City of Kandy

夕闇に太鼓や法螺《ほら》貝が鳴り響き、ペラヘラ祭の開始を告げる。松明《たいまつ》が灯されるなかを民族衣装のダンサーが舞い、青や金の布で飾りたてた象が行進する。金色の舎利《しゃり》容器を乗せた、ひときわ大きい象が現れると、観客はいよいよ興奮の坩堝《るつぼ》と化す。

スリランカ仏教の象徴、仏陀の糸切り歯が伝来したのは四世紀のこと。以来、シンハラ王朝の宝として崇《あが》められ、十三世紀以降、国力が衰退し都を転々とした苦難の日々にあっても、民は仏の加護を信じて仏歯のもとへ集結したのである。十六世紀の末にキャンディに遷都されると、王宮内に仏歯をまつる仏歯寺が建てられた。王朝は十九世紀に滅亡したが、仏歯寺は現在でもスリランカの仏教徒の心のよりどころである。

堂内は広く、色鮮やかな壁画や神像など贅《ぜい》をつくした内装がみごと。黄金の舎利容器は奥の仏歯堂に安置されている。一日三回開帳され、つめかけた参拝者が真剣な祈りを捧げている。

キャンディ湖のほとりに立つ仏歯寺。八角形の建物は王の休憩所だった。

キャンディのペラヘラ祭は、毎年エサラの月(7〜8月)に10日間にわたって行われる。

穏やかに仏教を守り継ぐメコンの街

⑯ルアン・プラバンの町

ラオス

アクセス　ヴィエンチャンから飛行機で40分
所在地　ヴィエンチャンの北方約400km
登録名　Town of Luang Prabang

ルアン・プラバンはメコン川とカン川の合流地点に位置する静かな古都である。端から端まで歩いて二〇分ほどの小さな街に八〇以上の寺院が立ち並び、今も人々の暮らしに仏教が深く根づいている。

一三五三年、ラオス最古の統一国家、ランサン王国を築いたファグーム王はクメールから多くの僧侶を、スリランカから黄金の仏像「プラバン」を迎えた。この仏像にちなみ、都をルアン・プラバンと名づけたのである。仏像は現在は王宮博物館に収められ、年に一度、四月のラオス正月に運び出され、街を行進したあと聖なる水で清められる。

ワット・シェントーンはルアン・プラバンでもっとも古い寺だ。十四世紀に創建され、十六世紀半ばに改築された。本堂や祠廟《しびょう》の壁面には当時の人々の暮らしをモチーフにしたみごとなモザイク画が施されている。壮麗な建築とモザイクに彩られながらも、この寺はどこか素朴でやさしい印象だ。

もうひとつ、ルアン・プラバンを代表する寺にワット・マイ・スワ

ワット・シェントーンは流れるような屋根が特徴的だ。

ナ・プーン・ラームがある。一七九六年の創建。本堂正面は釈迦の生涯を描いた黄金のレリーフで飾られている。寺の名は、美しい黄金の国の意。

古藁葺《わらぶ》き屋根のラオス伝統の一般家屋、中国やフランスの影響を受けた建物など、時代を語るさまざまな様式の建物は風土と溶け合い、しっとりとした街の風情が旅人を癒してくれるようだ。

朝靄《もや》のなか、頭上に小さなおひつをかかげ、托鉢《たくはつ》の僧を待つ女性たち。満杯の鉢を手に重たそうに歩く若い僧侶。時代は変わろうとも、人々は穏やかな表情で仏教の歴史を守りつづけている。街の人人の日々の営みも、今に生きる大きな遺産に違いない。

ルアン・プラバンのワット・マイ・スワナ・プーン・ラームに残る黄金のレリーフ。

雄大な自然と調和する道教の総本山

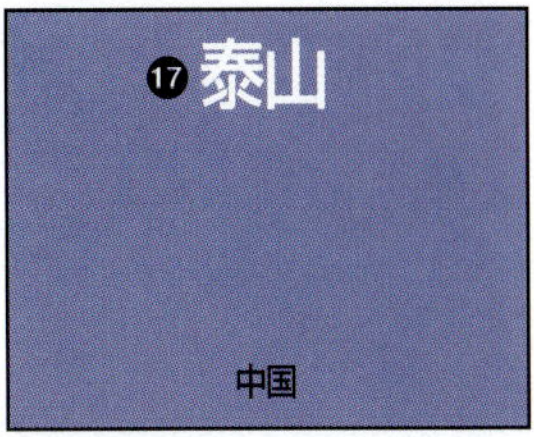

アクセス　北京から泰安駅まで特急で約7時間、そこから泰山へはバスを利用
所在地　山東省泰安市郊外
登録名　Mount Taishan

道教の総本山泰山《たいざん》は、古来、中国五岳の筆頭として崇《あが》められ、歴代皇帝はその山頂で封禅《ほうぜん》の儀を行った。封禅の儀とは皇帝が天下を治めたことを天に報告する儀式である。史実に残っているのは秦《しん》の始皇帝からで、山頂近くには玄宗《げんそう》御筆の石刻「紀泰山銘」が残っている。

歴史のなかの泰山が皇帝たちのものなら、現在の泰山は現世利益《げんぜりやく》をもとめる庶民の信仰の山であり、自然と文化に恵まれた一大観光地だ。

山頂までは七〇〇〇段の石段が続き、切り立つ岩壁のあちこちに八〇〇を数える祠廟《しびょう》が立ち並ぶ。麓《ふもと》の岱廟《たいびょう》の主殿は宋時代一〇〇九年の創建。中国三大宮殿建築のひとつに数えられている。南天門は天界への関所。石段を登りつめれば仙人になれると信じられていたという。南天門を過ぎると碧霞祠《へきかし》が立つ。泰山主神東岳大帝の娘、碧霞元君《げんくん》の像が安置されている。娘の幸福にご利益があるといわれている。

山頂からの絶景は「旭日東昇」「晩霞夕照」「黄河金帯」「雲海玉盤」と讃えられる。日の出を拝みに世界中から観光客が訪れる。

めながら登っていく。泰山の標高は1524m。

切り立つ岩肌と松の古木の間に石段が続く碧霞祠のあたり。参詣人は一歩一歩踏みし

ヒンドゥーと仏教が共存する信仰の十字路

⑱カトマンズの谷

ネパール

アクセス　バドガオンへはカトマンズからバス、またはタクシーで1時間。パタンへはカトマンズから5km
所在地　首都カトマンズ、およびバクタプル郡、ラリトプル郡
登録名　Kathmandu Valley

ヒマラヤの山々を望むカトマンズ盆地には三つの古都がある。十三世紀から十八世紀に栄えたマッラ王朝のカトマンズ、パタン、バドガオンの三王国の都である。三王国は競い合って、数多くの仏教寺院、ヒンドゥー教寺院を築いた。そして仏教とヒンドゥー教とが溶け合う独特の混合文化がカトマンズの谷に花開いたのである。現在も仏教とヒンドゥー教が混在した寺院があちこちに見られ、信仰を集めている。

カトマンズ市街から五キロほどの丘に立つスワヤンブナート寺院はカトマンズの谷で最古の寺院と伝えられ、「目玉寺」と親しまれている。目玉が四方に描かれたストゥーパ（仏塔）を備えながら、境内にはいくつものヒンドゥー寺院があり、両宗教がここでも融合している。また、カトマンズ東郊のボダナート寺院にはネパール最大のストゥーパがあり、ネパールに移り住んだチベット人たちの聖地だった。

パタンはカトマンズの南に位置し、くすんだレンガの街並みが中世の面影を残す美しい古都だ。王宮には三つの中庭建築があり、そのひ

すべてを見通すという目玉が描かれたスワヤンブナート寺院のストゥーパ。

カトマンズの王宮前広場にはレンガと木でできた寺院が立ち並ぶ。

ゥー教の聖地で、世界中から巡礼者が訪れる。

とつ、スンダラ・チョク（金の蛇口の中庭の意）は王の沐浴《もくよく》の場。水場にはヒンドゥーの神々の彫像が配されている。パタンの街自体は長い仏教の歴史をもち、今も多くが仏教徒で、仏像や仏教絵画の職人が住む町としても知られる。

バドガオンはカトマンズの一五キロほど東の街。ニャタポラ寺院の五重塔はカトマンズ一美しい塔といわれている。

「シヴァの夜祭り」で賑わうカトマンズのパシュパティナート寺院。ネパールのヒンド

像と、過剰なまでの装飾に圧倒される。当時の技術の粋を集めたもの。

第二章
芸術家ゆかりの街を訪ねる

カタルーニャ音楽堂内部。天井のステンドグラス、柱のクジャクの彫刻、舞台の女神

夢見心地に包まれる美しい建築

⑲ バルセロナのカタルーニャ音楽堂とサン・パウ病院

スペイン

アクセス　カタルーニャ音楽堂へは地下鉄ウルキナオーナ駅下車すぐ。サン・パウ病院へは地下鉄オスピタル・サン・パウ駅下車
所在地　カタルーニャ地方バルセロナ市街
登録名　The Palau de la Musica Catalana and the Hospital de Saint Pau, Balcelona

バルセロナの中心部にあるカタルーニャ音楽堂は、外観、内部とも、思わず言葉を失うほどの豪華さ。有名な建築家アントニオ・ガウディと同時代に活躍した、ドメネク・イ・モンタネル（一八四九〜一九二三）の最高傑作として名高い建築である。

チケット売り場からして、モザイクタイルで花模様が散りばめられ、すでに異空間に誘《いざな》われる。一歩中に入ると、そこは色彩の洪水。天井のステンドグラスから光が降り注いでいる。一九〇五年〜〇八年にかけてつくられた音楽堂は、今も現役で、世紀末の香りが漂うなかでコンサートを楽しむことができる。

モンタネルは、十九世紀末から二十世紀初頭にかけてヨーロッパを席巻したアール・ヌーヴォー、スペインで「カタルーニャ・モデルニスモ」と呼ばれる芸術運動の指導者だった。彼が設計すると病院もまた華麗で、広大な敷地に四八棟も立つサン・パウ病院は、音楽堂とともにバルセロナの黄金時代を示している。

カタルーニャ音楽堂の外壁はレンガと彩色タイル。有名な音楽家の胸像が並んでいる。

教会建築と見まごうサン・パウ病院。

当時の流行を示す病院の華やかな装飾。

直線を否定したガウディの代表作

⑳バルセロナのグエル公園、グエル邸とカサ・ミラ

スペイン

アクセス　マドリードからプラット空港まで飛行機で1時間。空港から市内までバスで約20分
所在地　カタルーニャ地方バルセロナ県
登録名　Parque Güell, Palacio Güell and Casa Mila in Barcelona

創造力豊かな建築といえば、アントニオ・ガウディ（一八五二～一九二六）の作品がまず思い浮かぶ。直線と矩形《くけい》を徹底して拒否し、なめらかな曲線と曲面による建物は、地球の重力とはまったく無縁で、あたかも空想の世界に存在するような不思議さがある。

彼の代表作のほとんどは、バルセロナとその近郊に集中している。十九世紀の後半、バルセロナは産業が飛躍的に発展し、「ゴールドラッシュ」と呼ばれる活況を呈していた。ガウディの建築は、この時代、理解ある実業家たちとの幸せな出会いによって実現された。

なかでもグエル公園は、訪れる人を楽しませてくれる。グエル侯爵は、イギリスで考えられた田園と都市との調和を図る住宅地開発をガウディに依頼した。起伏が激しいその土地でガウディが考えたのは、できるだけその地形を生かすことであった。しかし六〇戸の予定のうち売れたのは一戸のみ。資金面の問題もあって工事は中断する。多彩なタイルを駆使した波打つベンチ、トカゲのいる階段、ヤシの形をし

た柱のホール……。自然を師として発想したというガウディの動植物や海や光をモチーフにした作品が点在する。

ダリが砂糖をまぶしたタルト菓子と称したグエル公園の建物の屋根。

砕かれた多色のタイルで装飾された、グエル公園の波打つベンチ。

粗い肌のままの石を積み上げた集合住宅カサ・ミラは、すべてがゆがんだ曲線で構成されている。個人住宅なので中には入れないが、最上階が美術館になっている。グエル邸とともに、柱や窓、階段の手すりの細部に至るまで、建築家のオリジナリティが溢れている。

不思議な像、曲線曲面を駆使した屋根など、ガウディの個性が際立つ作品。

1910年に完成したバルセロナのカサ・ミラ。屋上の煙突や出入口のところに立つ

詩人バイロンを魅了した緑なす丘と王宮

㉑ シントラの文化的景観

ポルトガル

アクセス　リスボンから列車で約45分。バス便もある
所在地　リスボンの北西30km
登録名　Cultural Landscape of Shintra

深い緑に包まれて、そこかしこに個性的な王宮や城館が立ち、至るところから泉が湧き出す。夏は大西洋から涼やかな風が吹きわたり、冬には穏やかな光が街を包みこむ。イギリス、ロマン派の詩人バイロン（一七八八〜一八二四）が「ヨーロッパでもっとも魅惑的な街」「この世のエデン」と絶讃した街である。豊かな自然と建造物の調和は、ヨーロッパの都市景観の設計に影響を与えたといわれるほど。

恋に生き、ヨーロッパ各地を遍歴した詩人の心を捉えて離さなかった街を味わうには、曲がりくねった坂道を歩くのがいちばん。夏には馬車も行き交い、いっそう物語の世界に引きこまれる。

二本の巨大な煙突がシンボルの建物は、ポルトガルの繁栄を物語る王家の夏の離宮。エンリケ航海王子の父ジョアン一世が十四世紀に建てはじめ、その後も何度も増改築されたので、王宮にはさまざまな様式が混在している。宮廷内のスキャンダルを描いた「カササギの間」、王族の紋章とアスレージョ（ポルトガル独特の青い装飾タイル）で飾られ

イスラムからゴシックまでの様式が交じり合い、不思議な景観を示すペナ宮殿。

た「紋章の間」、天正遣欧少年使節団を迎えた「白鳥の間」など、エピソードに彩られた多くの部屋が続き、時の経つのも忘れそうだ。

郊外の山上に立つペナ宮殿は、十九世紀にフェルディナンド二世が修道院を改築して建てたもの。テラスからは、リスボン市街や、はるか大西洋まで、一気に見晴るかすことができる。

ペナ宮殿の出窓。各部の装飾も見もの。

自然の中に立ち並ぶ豪華な城や館。中央右、煙突が立っているのがシントラの王宮。

エゴン・シーレが描いたボヘミアの街角

㉒ チェスキー・クルムロフ歴史地区

チェコ

アクセス　プラハから列車で約4時間
所在地　南チェコ州チェスキー・クルムロフ
登録名　Historic Centre of Cesky Krumlov

たった一〇年しか制作期間がなく、二八歳で逝ってしまったエゴン・シーレ(一八九〇〜一九一八)。彼は鋭く自分を凝視した自画像や幻想的な風景画など忘れがたい作品を残し、多くのファンをもっている。

チェコ南部、蛇行して流れるヴルタヴァ川に囲まれた街、チェスキー・クルムロフは、シーレの母の故郷である。見上げるようなチェスキー・クルムロフ城、傾斜が急な屋根が特徴的な聖ヴィータス教会、そしてなにより中世そのままの赤い屋根の家並みと丸い石が敷きつめられた小径。十代のシーレが妹と旅行し、また恋人ヴァリーと数カ月暮らした思い出の地である。ところが妊婦を描いた絵の連作を行きつけのカフェに展示したことで、街から追放されるという悲しい結末が待っていた。

街を歩くと、彼が描いた風景画とまったく同じ景色を発見することができる。今はルネサンス期の建物をシーレの名を冠した国際文化センターに転用して、彼の作品や愛用の家具などを展示している。

14～16世紀に手工業と商業で栄えた街は、1989年の自由化以来修復が進む。

フレスコ画で飾られた街並みが魅力。小径を歩き、たたずまいを楽しみたい。

エゴン・シーレが愛したチェスキー・クルムロフの裏街は中世そのままの趣。

多くの芸術家が集った街

㉓ 古典主義の都 ワイマール

ドイツ

アクセス　フランクフルトから急行で約5時間
所在地　チューリンゲン州ワイマール
登録名　Classical Weimar

文化の都として知られるドイツ中部の都市ワイマール。ドイツ文学の最高峰ゲーテ（一七四九～一八三二）がワイマール公国の若き君主カール・アウグストに招かれてこの街にやってきたのは、一七七五年、二六歳のときだった。当初は短い滞在予定であったが、結局この地で一生を過ごすことになる。ゲーテの八三年の生涯は、時代区分として「ゲーテ時代」と呼ばれるほどで、ドイツ文化の黄金時代を象徴する。彼が過ごした小さなワイマールの街は、ヨーロッパの精神文化の中心地になっていった。

詩人ゲーテはカール公のもとで政治家を務め、国有鉱山・森林を経営、植物学・鉱物学・解剖学・色彩学の研究をし、また、ワイマール宮廷劇場の監督も兼ねていた。文学においては、ゲーテより一〇歳下の劇作家シラー（一七五九～一八〇五）と交友し、ともに文学に新しい面を切り開いた。街にはふたりのゆかりの地が数多く残っている。

またワイマールは、バッハ（一六八五～一七五〇）が宮廷オルガニストを、リスト（一八一一～八六）が宮廷楽士長を務めた地でもある。市庁舎が立つマルクト広場の向かいには、ルネサンスの巨匠ルーカス・クラナハ父（一四七二～一五五三）が晩年を過ごした家も残っている。宗教改革者でもあった彼の作品を、ヘルダー教会の祭壇や、今は美術館となったワイマール公の居城で見ることができる。

ワイマールは芸術家の足跡をたどる旅がふんだんに楽しめる街である。

ゲーテとシラーが手を取り合った像が立つ国民劇場。

『ファウスト』をはじめ数々の名作を生み、人生の大半を過ごしたゲーテの住まい。

ゲーテの家は現在、ゲーテゆかりの品々が飾られ、博物館となっている。

ワイマールの小径。ゲーテやシラーら芸術たちも思索のために散策したであろう。

トーマス・マンの足跡が残る都市

㉔ハンザ同盟都市 リューベック

ドイツ

アクセス　ベルリン、フランクフルトから列車、または飛行機でハンブルク市内へ。ハンブルクからは列車で約1時間20分
所在地　シュレースヴィヒ・ホルシュタイン州リューベック
登録名　Hanseatic City of Lübeck

北ヨーロッパの中世都市の繁栄を物語るリューベック。一一四三年、バルト海への玄関口としてトラーヴェ川の中洲に築かれたこの街は、十三世紀に結成されたハンザ同盟の盟主となり、バルト海と北海沿岸の商圏を握って大きく発展した。街にはゴシック様式の市庁舎や聖母マリア聖堂が立ち、往時を偲ばせる赤レンガの商館が軒を連ねている。

作家トーマス・マン（一八七五～一九五五）は、この街の裕福な穀物商の家に生まれた。一六歳のときに父が死に、学業をこの地で終えたあと、ミュンヘンに移り住む。彼が出世作『ブデンブローク家の人びと』を書いたのは、二二歳、ローマに滞在したとき。異郷にあって、はるか故郷に思いを馳せて書かれたこの小説は、自らの体験をもとにした穀物商の没落史で、バルト海、トラーヴェ川、ワーグナーの音楽が作品の重要なモチーフになっている。マンはエッセイや短編でもこの街をいきいきと描きだした。リューベックには、マンの祖父母の家が残り、ブデンブロークハウス・マン兄弟記念館になっている。

街のシンボル、ホルステン門。右側に塩の倉庫群、その奥が聖ペテロ聖堂の尖塔。

かつてのハンザ商人の館が立ち並ぶ一角。両側が階段状になった破風が特徴。

中世の建築が多く残る。右手奥に立つ２本の尖塔は聖母マリア聖堂。

川と運河に挟まれた中洲にあるリューベック。「ハンザの女王」と讃えられた街には

ヘミングウェイが愛したカリブ海の街

㉕ オールド・ハバナとその要塞化都市

キューバ

アクセス　メキシコ・シティからホセ・マルティ国際空港へ。空港からタクシーで約30分
所在地　ハバナ
登録名　Old Havana and its Fortifications

キューバは一五一一年にスペイン領となって以来、スペインの植民地政策の中南米の拠点として、なかでも十七世紀末から十八世紀にかけては砂糖と奴隷貿易の中心地として、大いに繁栄した。

ハバナ湾の入り口にはモロ要塞とプンタ要塞が運河を挟んで向かい合うようにしてそびえている。また、旧市街は碁盤目状に区画整理され、この街が植民地支配によってつくられた街であることを物語っている。大聖堂をはじめ、かつての繁栄ぶりを偲ばせるバロック様式の建物が青い空に映えて美しい。

ハバナは、アーネスト・ヘミングウェイ（一八九九～一九六一）が生涯でもっとも愛した街としても知られる。

ヘミングウェイは一九三九年からおよそ二〇年をハバナで過ごした。『老人と海』『誰がために鐘は鳴る』などの代表作がこの地で生まれた。

朝のうちに仕事をすませると、郊外の邸宅から旧市街のオビスポ通りあたりに繰り出すのが日課だった。「わがダイキリはフロリディータ、

ヘミングウェイが通ったバー「ラ・ボデギータ・デル・メディオ」。

わがモヒートはボデギータ」。ヘミングウェイがお気に入りだった二軒のバー、フロリディータとボデギータは今は観光客で賑わっている。

また『誰がために鐘は鳴る』を執筆したホテル・アンボス・ムンドスもヘミングウェイの部屋を公開している。旧市街ではないが、彼の邸宅フィンカ・ビヒア邸は現在ヘミングウェイ博物館になっている。『老人と海』を執筆した部屋や九〇〇〇冊にも及ぶ蔵書などが公開されている。

ヘミングウェイがアイダホ州ケチャムで自ら死を遂げたのは一九六一年。キューバ革命から逃れるためハバナを去って二年後のことだった。

カリブ海最強の砦、モロ要塞。有事には対岸のプンタ要塞との間に鉄鎖が渡された。

青い空に白いコロニアル建築がまぶしいオールド・ハバナの海岸通り。

旧市街中心にあるバロック様式の大聖堂。カテドラル広場には露店が立ち、賑やかだ。

メキシコ壁画運動のエネルギーを伝える

㉖グアダラハラのカバーニャス孤児院

メキシコ

アクセス　メキシコ・シティから飛行機でグアダラハラ空港へ。空港から市街地までバスで約20分。メキシコ・シティからバス、列車もある
所在地　ハリスコ州グアダラハラ
登録名　Hospicio Cabañas, Guadalajara

天井いっぱいに描かれた炎に包まれる人、苦渋に満ちた人。カバーニャス孤児院の壁面を埋め尽くすオロスコ（一八八三～一九四九）の作品は、見る者に圧倒的な力で迫ってくる。

カバーニャス孤児院は、十九世紀の初め、孤児や障害者、身寄りのない老人など、恵まれない人々のための施設として設立された。この頃、スペインへの隷属に反対する運動が激化、孤児院が立つグアダラハラもインディオの奴隷解放宣言が行われた歴史をもつ。

反対運動はやがてメキシコ革命（一九一〇～一七）へと発展する。政治的混乱のなかにあって、メキシコの美術家たちは、革命への支持を公共建築に力強い壁画を描くことで示した。オロスコは、シケイロス、リベラとともに壁画運動の中心人物であった。

メキシコ第二の都市グアダラハラは一年中花が咲き乱れる美しい街。今は文化センター、劇場として使われている孤児院で、社会の矛盾をあぶりだす壁画群は、オロスコのメッセージを発信しつづけている。

孤児院内部の美術館には、オロスコの作品や現代美術が展示されている。

天井に描かれた「炎の人」。貧しき人に心を寄せたオロスコの代表作。

いう。バルディーズに近いコロンビア氷河も、そのひとつだ。

第二章 自然の偉大さを考える

アラスカ湾に崩れ落ちる一帯の氷河は、世界でもっとも速いスピードで溶けていると

氷河期の地球をそのままに残す

㉗アラスカ・カナダ国境地帯の山岳公園群

アメリカ・カナダ

アクセス　アンカレジからツアーがある
所在地　アラスカ州南東部、ユーコン準州南西部、ブリティッシュ・コロンビア州北西部の国境地帯
登録名　Tatshenshini-Alsek/Kluane National Park/Wrangell-St.Elias National Park and Reserve and Glacier Bay National Park

叩けば金属音が響きそうな、張りつめた冷気。カナダ最高峰のローガン山（標高六〇五〇メートル）を筆頭に連なる、五〇〇〇メートル級の山々を覆う白銀。紺碧の空を映してアクアマリンに輝く氷塊、そして氷河。氷河を水源として荒ぶり躍る激流や滝の数々。豊かな水系が生み落とした幾千もの湖沼。圧倒的な白色の世界に緑のアクセントを添える太古の森林とツンドラ――アラスカ・カナダ国境地帯の山岳公園群は、氷河期の地球をそのままに残し、自然美と地球史を謳《うた》う貴重な遺産である。

総面積約一〇万平方キロと、現在、世界最大規模を誇るこの自然保護区は、アラスカの南東部からカナダ北西部のブリティッシュ・コロンビア州とユーコン準州にかけて広がる四つの自然公園で形成されている。北西の半分を占めるのがアメリカ合衆国領のランゲル・セント・エライアス国立公園・保護区と、カナダに属するクルエーン国立公園で、後者だけで四〇〇〇近くの氷河があるといわれている。

グレーシャー・ベイ国立公園で、シー・カヤックから氷河を望む。

タッチェンシニ・アルセク州立自然公園は広大なツンドラ地域も含み、氷河期に形成された典型的なU字谷がいちばんの見どころ。アラスカ湾に面したグレーシャー・ベイ国立公園では、フィヨルド状の湾に轟《とどろ》き崩落する氷河のダイナミックな光景が繰り広げられる。

荒涼とした自然景観に加えて一帯は動物相も豊富。ハクトウワシ、グリズリー、ドールシープ、カリブーなどの野生動物が生息している。

紅葉のユーコン準州を流れるサウスマクミラン川。

グレーシャー・ベイ国立公園のバートレット川沿いに生息するクロクマ。

地球最古の巨大植物が成育する原生地

㉘レッドウッド国立公園

アメリカ

アクセス　サンフランシスコ、またはポートランドから車で約6時間
所在地　カリフォルニア州太平洋岸の最北端
登録名　Redwood National Park

直訳すれば「赤い樹木」となるように、セコイアの一種イチイモドキであるレッドウッドは、その分厚い樹皮が赤味を帯びて、天に向かってすっくと伸びている。先史時代、この樹木は、気候が温暖で湿潤でさえあれば、地球上のどこにでも成育していたという。しかし、堅牢で腐食しにくいこの樹木の特質が、高級建築材としての需要を高め、その原生林は急速に姿を消していったのだ。

レッドウッド国立公園は、「樹木の恐竜」とも呼ばれる地球上で最古の巨大植物、レッドウッドを保護するために設けられた自然保護区である。アメリカ合衆国西海岸沿いの南北約五五キロにわたる細長い国立公園は、樹高が一〇〇メートルを超え、平均樹齢が六〇〇年にも達するレッドウッドの、世界唯一の原生地である。公園南端のトール・ツリー・グローブ木立にある樹高一一二・一メートルの巨木は、自力で立つ世界一の樹木。周辺海域も国立公園に属し、ゼニガタアザラシやトド、ラッコなどの貴重な生息地となっている。

た。レッドウッドの森では、200種以上の鳥類も確認されている。

夏の霧、冬の雨による冷涼で湿潤な海岸部が、わずかにこの巨木を生きながらえさせ

ゆるやかに動く大湿原

29 エヴァーグレーズ国立公園

アメリカ

アクセス　マイアミから車で約1時間
所在地　フロリダ州南部、マイアミの南西50km
登録名　Everglades National Park

フロリダ半島先端の観光地といえば、誰もがまず、半島東部にある巨大リゾート都市マイアミを思い浮かべ、続けてパームビーチの名を挙げることだろう。が、マイアミの南西わずか五〇キロの地に、全米第二位の広さを誇るエヴァーグレーズ国立公園が横たわっていることに、思いをいたす人は多くない。

アメリカ最大の淡水湖オキチョビー湖を中心としたこの大湿地帯は、水深わずか三〇センチながら幅八〇キロ、長さ一九〇キロもの流れを形成し、ゆったりとメキシコ湾に注いでいる。湿地帯にはハンモックと呼ばれる大小の島がある。そのなかに北アメリカ一のマホガニーの群生地がある。また海岸地域の汽水域にはマングローブの林が広がり、カワウソやミシシッピーカイマンが生息している。アメリカマナティー、フロリダパンサーなどの稀少動物も棲む。しかし巨大観光都市に近く、農業開発の影響もあり、生態系の破壊が進み、この地は今「危機に瀕する世界遺産」に登録されている。

湿地帯の上を群舞するサギ。渉禽類の数は、この50年で90%以上も減少している。

グレーズの生物相は豊富で1700種以上の動植物が生息する。

一見静止しているような水面は、１時間に15cmほどの速度で動いている。エヴァー

珍しい動物に出会える地

㉚ バルデス半島

アルゼンチン

アクセス　ブエノスアイレスからトレレウまで飛行機で約2時間、そこからプエルト・ピラミデスへは車で約2時間。半島めぐりバスツアーがある
所在地　チュブト州
登録名　Peninsula Valdés

首都ブエノスアイレスから南下することおよそ一五〇〇キロ、南緯四〇度を越えたパタゴニアの入口近く、バルデス半島は南米大陸から大西洋に、ちょこんと突き出ている。わずか幅四キロの半島の付け根が北のサン・ホセ湾と南のヌエボ湾とを分け、半島一帯は貴重な野生動物の宝庫として、自然遺産に登録されている。

サン・ホセ湾に浮かぶパハロス島は、海鳥の生息地として名高いが上陸禁止。展望台の望遠鏡でフラミンゴなど大小の鳥の生態を観察できる。また半島の入江や海辺では、絶滅寸前のゾウアザラシはじめ、ペンギンやオタリアを間近に見ることができる。グアナコ、ニァンドウなどのパタゴニア地方特有の動物も姿を見せる。

半島の中心地で唯一の街プエルト・ピラミデスはヌエボ湾に面している。街から車で五分ほどのプンタ・ピラミデ（ピラミッド岬）は、その名のとおり岩が三角形に積み重なった断崖。湾にはシャチ（三〜五月）やセミクジラ（六〜一二月）が遊泳する姿が見られる。

半島の草地には、ラクダ科のグアナコなどパタゴニア特有の動物が群れ遊ぶ。

浜辺で群れをなすオタリア(パタゴニアアシカ)。多く見られるのは2月。

海面をジャンプするイルカ。遊覧ボートから見ることが可能である。

ペンギンはバルデス半島の人気者。観光客の目を楽しませてくれる。

カリブの楽園に横たわるサンゴ礁

㉛ ベリーズ・バリア・リーフ保護区

ベリーズ

アクセス　ベリーズシティ国際空港から最寄りの都市まで国内線のフライトがある
所在地　メキシコ国境からプンタ・ゴルダの北東75km沖までのカリブ海沿岸
登録名　Belize Barrier-Reef Reserve System

日本人にとっては、決して馴染み深いとは言いがたい国、ベリーズは、マヤ文明の遺跡が残る中央アメリカのユカタン半島東部に位置し、陽光溢れるカリブ海に面した小国だ。ともに隣接するメキシコ国境からグアテマラ国境まで続く海岸線の約二〇キロ沖合いに、南北二五〇キロ以上にわたるサンゴ礁が連なっている。その規模はオーストラリアのグレート・バリア・リーフに次ぐ。このサンゴ礁と周辺の環礁やラグーン（潟）のなかから選ばれた、国立公園や天然記念物、海洋保護区など七つの海域の総称がベリーズ・バリア・リーフ保護区である。

第一に魅せられるのは、サンゴ礁の海の美しさだ。このサンゴ礁は他の海域とは異なった成長過程をたどった点で、学術的価値も高い。加えて海域にはアメリカマナティーやマンタなど絶滅の危機にある動物も多く、とりわけタイマイなどの三種のウミガメの生息地として貴重だ。島々やラグーンにはマングローブが群生し、五〇〇種の魚、三五〇種の軟体動物などの格好の棲処《すみか》となっている。

で囲まれたこの礁湖はブルーホールと呼ばれる。

ベリーズ・バリア・リーフの３つの大きな環礁のひとつ、ライトハウス礁。サンゴ礁

極北のユーコン川を行く

野田知佑

ユーコン川は全長約三六〇〇キロ。カナダ南西部から流れだし、アラスカに入ってベーリング海にそそぐ。上流一六〇〇キロはカナダ領、中流から二〇〇〇キロがアラスカ領になる。

一年の大半は凍結している。毎年五月の半ばに氷が溶け、川から氷塊が消えるのは六、七、八、九の四カ月で、一〇月の半ばに再び全面凍結する。この短い夏の間に世界中からカヌー愛好者がやって来て、この川を下り、荒野の孤独と自由を体験する。

愛犬ガクとともにユーコン川を下る　写真提供・野田知佑

ホワイトホースから七四〇キロの地点に、一〇〇年前のゴールドラッシュにできたブームタウン、ドーソンがある。当時人口三万人を超えたこの金鉱の町も、現在は人口二〇〇〇人の小さな田舎町だ。ホワイトホース—ドーソン間が最も人気のあるカヌーコースで、人々は二週間分の食料を積み、キャンプ生活をしながら川下りを楽しむ。

ドーソンを過ぎると川の流れはゆるやかになり、沼沢が多くなってカやブヨが増え、ユーコン川の川旅は辛く、冒険的なものになる。

そこから先、約一〇〇キロおきに

先住民の集落がある。一〇〇人から二〇〇人の小さな集落だ。そのまわりは針葉樹のスプルースを主とする原生林で、クマ、ムース（ヘラジカ）、オオカミなどが生息する。これらの野生動物との出会いが面白い。体重四〇〇キロもある大きなムースが悠々と川を泳いで渡っていく。テントを張った対岸で子供を連れたクロクマが一日中遊んでいる。

村に着いたらテントを張って二、三日滞在するといい。小さな村だから一日で村中の人と顔見知りになってしまう。少年が自分が射ったカモを下げて、これを食べてくださいと持ってくる。サケを獲って川から上がってきた男が、これを食べろと魚を置いていく。先住民の婆さんが昔ながらのやり方で焼いたパンを持ってきてくれる。射ったばかりのクロクマの脚を一本持っていけといわれることもある。夏のクロクマはブルーベリーを食べているので、肉に臭みがなく、簡単にステーキで食べられるのだ。

マウンテンマンとの出会いもある。文明社会が厭《いや》になり、仕事や家庭を捨てて周囲数十キロ誰もいない山の中に銃一つ持って入り、丸太小屋を建てて一人で生きている男たちだ。こういう人々との交歓がユーコン川を行く楽しみの一つである。

アラスカのパイプラインがユーコン川を横断するなど、時代の波はこの荒野にも少しずつ押し寄せているが、まだまだユーコン川を取り巻く極北の自然は健在だ。世界で最も自由な最後の荒野の一つであろう。

（のだ ともすけ　作家）

夏の陽光に輝くユーコン川　写真提供・野田知佑

世界最高峰を頂く壮大なパノラマ

㉜サガルマータ国立公園

ネパール

アクセス　カトマンズから飛行機でルクラへ、そこからトレッキングが一般的。エベレストのベースキャンプ付近までヘリコプターもある
所在地　ネパール北東部、中国との国境付近
登録名　Sagarmatha National Park

園内に「地球の屋根」が覆いかぶさる、なんとも壮大なこの国立公園は、中国のチベット自治区との国境近く、ネパール・ヒマラヤの中心であるクーンブ山群の南麓《なんろく》に位置する。そして、このクーンブ山群こそが、標高八八四八メートルの世界最高峰、エベレストを抱く山群である。それがゆえにチベット名を「チョモランマ（世界の母神）」というエベレストのネパール名「サガルマータ（世界の頂上）」が、この国立公園に冠されているのだ。サガルマータ国立公園にはエベレストに加えてローツェ（八五一六メートル）、マカルー（八四六三メートル）、チョー・オユー（八二〇一メートル）など、標高七〇〇〇メートルを超えるクーンブ山群の高峰七座がひしめき、まさに「母神の山懐」という形容がふさわしい。

一九五三年五月二九日、エベレストの山頂に初めて人跡が記された。ニュージーランド人エドモンド・ヒラリーとシェルパ頭テンジン・ノルゲイによる初登頂である。このことからシェルパ＝高所サポーター

遠くエベレスト（サガルマータ）を望む道沿いに残る、ラマ教のゴンパの跡。

との認識が広まったが、もともとシェルパとはネパールでもっとも有名な民族名である。国立公園内でもシェルパ族が生活を営んでおり、彼らが信仰するラマ教のゴンパと呼ばれる僧院が点在している。経済基盤の弱いこの国では、僧院などの文化遺産の荒廃が危ぶまれていたが、近年、各国の協力によって修復保存事業が進められている。

自然条件の厳しいこの地を代表する動物としてユキヒョウとジャコウジカが挙げられる。それぞれ毛皮と香水の原料となる麝香《じゃこう》を目的とした乱獲にあったが、現在では増加の傾向にある。また、レッサーパンダとツキノワグマの、ユーラシア大陸で最後の生息地でもある。

グマなどの大型動物が生息し、山麓にはシェルパ族が暮らす。

「世界の頂上」にふさわしいエベレスト(サガルマータ)の威容。ユキヒョウやヒマラヤ

「密林の王者」を守る森

㉝ロイヤル・チトワン国立公園

ネパール

アクセス　カトマンズから国立公園内の街メガウリまで飛行機で30分
所在地　ネパール中南部、インドとの国境付近
登録名　Royal Chitwan National Park

この国立公園は「ロイヤル」の名が示すとおり、一九七三年、ネパール王国の国王の号令のもとに誕生したものだ。ネパール中南部のインド国境に近いタライ平原に位置するこの地に、かつて、人口過剰な山岳地帯からの移住政策が奨励された時期がある。その結果、熱帯モンスーン気候で「熱病の地」とも呼ばれていた一帯のマラリアなどの風土病は撲滅されたが、同時に多様な動植物相を擁した原生林が三分の一にまで減少してしまったのである。事態を憂慮した国王は残されたチトワンの森を国立公園に指定し、さらに密猟防止のために軍隊を配備して自然保護の聖地をつくりあげたのだ。

国王の企図どおり、現在、園内では稀少動物が数を増やしつづけている。一時絶滅しかかったインドサイは、今や地球上で確認される個体数の四分の一が生息、やはり減少が危惧されていた「密林の王者」ベンガルトラも増加の傾向にある。他にも野生の牛ガウア、ドール(アカオオカミ)など保護を要する種にとって「最後の楽園」である。

水浴びを終えて保護区に戻るゾウ。園内にはゾウの背に乗るツアーもある。

顔が黒い稀少種のハヌマンラングール。

絶滅の危機にあるインドガビアル。

イノシシを獲物とするベンガルトラ。

インドサイ、別名アジアイッカクサイ。

ロイヤル・チトワンの川にはガンジスカワイルカやガンジスワニ（インドガビアル）が棲息。

パンダが笹を食む伝説の秘境

㉞九寨溝の自然景観と歴史地区

中国

アクセス　上海から成都まで2時間30分、そこからバスで約8時間

所在地　四川省九寨溝県、成都の北400km

登録名　Jiuzhaigou Valley Scenic and Historic Interest Area

九寨溝《きゅうさいこう》は四川《しせん》省・成都《せいと》の北四〇〇キロ、岷山《みんざん》山脈のカルスト台地に広がる渓谷である。太古の地殻変動と氷河の活動でできた一〇〇以上の湖沼が、周囲の山々を水面に映し、湖底を透かして点在している。神秘をたたえた雰囲気、水がもたらす清冽と明快が、この地を「童話の世界」というやさしい別名で呼ばせている。風光明媚なこの一帯は、一方でジャイアントパンダやレッサーパンダ、金絲猴《きんしこう》など稀少動物の貴重な保護区でもある。

山の妖精につきまとう悪霊を退治する際、精霊が持っていた鏡が割れ、一〇八の破片となって飛び散り、それが湖沼になったというチベット族の伝説を残す珍珠灘《ちんじゅ》。湖全体にヨシが生えている蘆葦海《ろい》。薄暗い湖上に虹色に輝く姿で現れる魔物が棲むという長海――おどろおどろしい怪異譚《かいいたん》に彩られた景勝の地だが、その風景は、まつわる伝説に反して明るい。それは、この地の主役が、ひとえに水、水、水、だからなのであろう。

して湖面が五色に綾なし、落差25mの滝が水音を轟(とどろ)かせている。

九寨溝の連なる絶景のひとつ樹正群海。紺碧の空と輝く陽光、そして木々の紅葉を映

万年雪に覆われた白ナイルの源流

㉟ルウェンゾリ山地国立公園

ウガンダ

アクセス　カンパラからカセセのイバンダ村までバス。この村の登山事務所でガイドやポーターを頼む
所在地　ウガンダ西部
登録名　Rwenzori Mountains National Park

その河口部にエジプト文明を花開かせた母なる大河ナイルは、スーダンの首都ハルツームで白ナイルと青ナイルが合流し、ナイル本流となる。青ナイルの水源は一七七〇年に、エチオピア高原のタナ湖であることが確認されたが、白ナイルの水源は長く未解決の謎として残った。十九世紀後半、イギリスの探検家ヘンリー・モートン・スタンリーは、当時まったく未踏の地であったアフリカ大陸中央部の探検に赴いた。頼りとしたのは、一七〇〇年も昔にエジプトの天文学者プトレマイオス・クラウディオスが伝聞により著した地図一枚。その地図にはナイル水源として「月の山」が描かれ、そこを発した流れはふたつの湖に注いでいた。スタンリーは一八七五年、ナイル川がビクトリア湖北岸に溯ることを確認、さらに一八八八年に「月の山」ルウェンゾリ山地を発見し、白ナイル源流探索に多大な功績を重ねた。

ルウェンゾリ山地国立公園はウガンダとコンゴ民主共和国の国境に位置し、赤道直下でありながら万年雪に覆われた六つの山群が、南北

ジャイアントロベリアはロゼット(バラ)形から徐々に生育して円柱状に成長する。

一〇〇キロ、東西四〇キロにわたって、山地を形成している。近隣にはエドワード湖、アルバート湖、ビクトリア湖などがあり、大気は常に湿気を帯び、降雨量も多く、山地は年間三〇〇日以上も雲に覆われている。標高二一〇〇メートル以上の区域が自然保護区で、最高峰はスタンリー山群のマルガリータ峰(五一〇九メートル)。高度によって極端に変化する植物相が特徴である。

山麓に生息するアフリカゾウは、七〇~八〇年代の内戦時に戦費に換える象牙を目的とした殺戮《さつりく》にあい激減し、絶滅の危機にある。他にもチンパンジー、オナガザルの仲間ロエストグエノンなど保護を要する稀少動物が生息している。

は大きく変化を見せる。

氷河から流れ落ちる水流。

年間を通じ晴れ間は少ない。

ルウェンゾリ山地の樹木はコケに覆われ、森は幻想的。高度がかわるにつれ、植物相

原始の森の自然を残す固有種の宝庫

㊱ タスマニア原生地域

オーストラリア

アクセス　クレードル山=セントクレア湖国立公園へはデボンポートからバスで1時間30分。ロンセストン、ホバート、デボンポートなどの町からツアーがある
所在地　タスマニア島南西部
登録名　Tasmanian Wilderness

見かけこそ小熊の縫いぐるみのようだが、タスマニアデビルは強靭な顎《あご》と鋭い歯をもち、獲物と狙った小動物を瞬時に引き裂き噛み殺してしまう。まさにデビル（悪魔）の呼び名がぴったりのこの動物はタスマニア島の固有種で、世界最大の肉食性有袋類である。この島は比較的古い時代にオーストラリア大陸から切り離されたため、珍鳥アカハラワカバインコ、ペドラブランカ島だけで見られるペドラブランカトカゲなど島固有の種が多く生息している。

島には、太古の面影を残す自然景観や植物分布、原住民アボリジニの考古学的遺跡などが見られ、これらが複合してタスマニア原生地域を形成している。クレードル山＝セント・クレア湖国立公園のU字谷や湖は、氷河の浸食作用によるものだ。島南西部の多雨林は、亜南極とオーストラリア固有種の混交林で、世界最大の未開地のひとつである。サウスウェスト国立公園の巨大なジャズ洞窟には、ステンシル技法で描かれた一万年以上も前のアボリジニの岩壁画が残っている。

セント・クレア湖から望むクレードル山とU字谷。クレードルは揺りかごの意味。

見かけ以上に狂暴で、悪魔と名づけられたタスマニアデビル。

タスマニア島の南西、サウスウェスト国立公園の原生林を縫って流れるゴードン川。

動物も寄せつけない石灰岩の尖塔群

㊲ ツィンギ・デ・ベマラハ厳正自然保護区

マダガスカル

アクセス　シンガポールやモーリシャスを経由してアンタナナリボへ。保護区へは車をチャーター
所在地　マダガスカル島西部、アンタナナリボの西約300km
登録名　Tsingy de Bemaraha Strict Nature Reserve

アフリカ大陸の南東海上、世界第四の大きさのマダガスカル島の西部、ツィンギ・デ・ベマラハ厳正自然保護区にはカルスト台地が広がる。切っ先鋭く切り立った石灰岩の尖塔群が数十キロにもわたって連なるこの奇観は、およそ一億六〇〇〇万年前から形成され始めたといわれ、保護区南端には、岩が三〇〇メートルもの高さにそそり立つものさえある。上空から見るとまるでハリネズミの背のように映り、さらに低空で凝視すると柱状の紫水晶のようにも思える。ツィンギとは「動物の住めない土地」の意味だが、それゆえに保護区の保存が可能になってもいる。

しかし、この乾燥したカルスト台地にも生命の息吹がある。幹に水を貯めるバオバブやアブラナ科の乾性植物などが育ち、原生林やサバンナにはアイアイやワオキツネザル、ベローシファカなど珍しいキツネザルの仲間が生息している。夜行性のアイアイはこの地に残る数匹を含めても五〇匹ほどしか確認されていない、貴重な種だ。

わたる雨の浸食作用によって削り取られてできた自然の不思議な造形。

先端を鋭くとがらせた石灰岩の尖塔群が林立するツィンギ・デ・ベマラハ。数万年に

たように見える。ロープウェイで高台まで登ると雄大な眺めが楽しめる。

第四章
古代人の知恵に驚く

万里の長城の春景色。居庸関付近の山肌には花が咲き乱れ、まるで綿花をまき散らし

史上最大の天空の城

38 万里の長城

中国

アクセス　八達嶺へは北京から列車で約2時間。嘉峪関へは北京から敦煌まで飛行機、敦煌からバス
所在地　河北省、北京市、山西省、陝西省、内モンゴル自治区、寧夏回族自治区、甘粛省
登録名　The Great Wall

険しい山の尾根をうねうねとどこまでも這っていく白蛇か、あるいは巨大な龍か。これが人間の技による城壁とは、まさしく驚嘆させられる眺めである。万里の長城を訪れたものは誰しも、悠久の時の流れ、古代人の艱難辛苦《かんなんしんく》を思うとともに、この大地のなかで自分がどんなに小さな存在かを考えさせられてしまうことだろう。

人類史上最大の遺跡ともいえる万里の長城。東は渤海《ぼっかい》湾の山海《さんかい》関に端を発し、西は甘粛《かんしゅく》省の嘉峪《かよく》関に至る主要部分だけでも約三〇〇〇キロ。全行程六〇〇〇キロの城壁である。建築は紀元前七世紀、春秋時代に始められた。斉《せい》が異民族の侵入を防ぐために城壁を築いたのが起源とされる。続く戦国時代、燕《えん》や趙《ちょう》などの諸侯もそれぞれ別個に長城を築いていった。それらをつないで整備したのが、紀元前二二一年に初めて天下統一を果たした秦《しん》の始皇帝である。始皇帝は三〇万人もの兵士を遣わして匈奴《きょうど》を北方へ放逐し、延べ数百万人の農民や奴隷を働かせて長城の修築にあたった。

1000年もの間、修築を繰り返された万里の長城。要所に防衛拠点が置かれた。

その後、漢代の武帝《ぶてい》など歴代王朝によって補強増築が繰り返され、明代にはかなり高度な建築技術が投入され、ほぼ現在の長城が完成した。要所に関所、城台、狼煙《のろし》台などが置かれ、堅固な防衛施設となったのであった。山海関、八達嶺《はったつれい》や居《きょ》庸《よう》関、嘉峪関など数々の遺構に当時を見てとることができる。

険しい山を越え、谷に落ちこみ、稜線を縫うように高さ六～一四メートルの城壁が続く。壁に囲まれた道は意外に広く、馬五頭、人なら一〇人が並んで通れる。

かつて蹄《ひづめ》の音を響かせて軍馬が通ったこの長城を、今、世界中からの旅行者がカメラ片手に散策している。始皇帝が夢にも思わなかった結末であろう。

破壊と再生の神シヴァをまつる巨大寺院

㊴ タンジャーヴールのブリハディーシュヴァラ寺院

インド

アクセス　チェンナイから列車で8〜9時間、バスでも8時間。ティルチラーパリからは列車で1時間、バスでは1時間30分
所在地　タミルナードゥ州の東部、ティルチラーパリの東約60km
登録名　Brihadisvara Temple, Thanjavur

ヒンドゥーの神々のうち、今も昔ももっとも尊崇されるのは、破壊と再生の神シヴァである。モンスーンの神格化に始まるこの恐ろしい殺戮《さつりく》神は、帰依《きえ》する者にはこの上ない恵みを与える心強い神なのだ。

南インド、チョーラ朝全盛期の王ラージャラージャ一世は、大帝国を築いたわが身の権勢を、シヴァの底知れぬパワーと重ね合わせた。一〇一〇年頃、王は新都タンジャーヴールに巨大なシヴァ・リンガ（男根）を本尊とする空前の規模のブリハディーシュヴァラ寺院を完成させる。六三メートルに達する本殿の重層ピラミッド形の屋根は、シヴァの住まいカイラーサ山や宇宙の中心メール山（須弥山《しゅみせん》）になぞらえ、当時インド一高く積み上げられた。チョーラ朝の栄光を誇示したこの壮大な寺院は、後代の南インド建築に多大な影響を与えている。

チョーラ朝の歴代の王は、ナタラージャ（踊るシヴァ神）を国家の守護神とみなし、舞踏を奨励した。この寺院の外壁にも、絶妙なバランスで宇宙舞踏を舞うナタラージャ像の華麗な姿が多数見られる。

寺域の東側に立つブリハディーシュヴァラ寺院の壮大なゴープラム（楼門）。

至宝の仏像たちが廃墟を見守る

㊵ 古都スコタイと周辺の古都

タイ

アクセス バンコクからピサロヌークまで飛行機で45分、空港からバスで約1時間。バンコクからバスで約7時間
所在地 バンコクの北約447km、スコタイ市の西12km
登録名 Historic Town of Sukhotai and Associated Historic Towns

「幸福の夜明け」という意味をもつタイ語「スコタイ」。マンゴーやガジュマルの木々が生い茂るなか、心地よい風に吹かれながら広大な遺跡をめぐると、理想郷を目指したかつての王朝人の願いがそこかしこから伝わってくるようである。

タイ族最初の統一国家スコタイ王朝は、十三世紀半ばに誕生した。第三代ラムカムヘン王の世はもっとも活気に満ちた時代で、文字が生まれ、陶芸がおこり、仏教が導入された。タイ美術の源流ともいえる美術様式、いわゆるスコタイ美術が発展したのもこの時代であった。

往時の都城は、現在スコタイ遺跡公園として整備され、城壁の内外に数多くの仏寺、仏塔が残る。とりわけ、さまざまな表情を見せる仏像には仏教徒でなくても魅せられてしまう。印を結び静かに微笑《ほほえ》む仏像、天から舞い下りる仏像、人心を鎮《しず》めるかのように立つ仏像。なかでも優美で動きのある表現で、スコタイ美術の至宝とされる遊行仏《ゆぎょうぶつ》（歩行彫像）が、スコタイにあるラムカムヘン国立博物館に安置されている。

スコタイ王朝の中心寺院跡ワット・マハタート。今も大勢の信者が祈りを捧げる。

ワット・マハタートの広い境内には、18の聖堂と約200の仏塔が立ち並ぶ。

スコタイの北西郊外にあるワット・スィー・チュムのアチャナ仏。高さ14.7mと巨大。

燃え上がる神の炎のような石塔群

41 プランバナン寺院遺跡群

インドネシア

アクセス　ジョクジャカルタからバスで30分。またはソロからもバスで30分
所在地　ジャワ島ジョクジャカルタの東約15km
登録名　Prambanan Temple Compounds

天空をめざしていっせいに吹き上がる壮麗な火柱《ひばしら》。プランバナン寺院遺跡の中心、ロロ・ジョングランの三基の大尖塔は、見る者にそんな印象を与える。ロロ・ジョングランとは「ほっそりした乙女」の意味で、四七メートルとひときわ高いシヴァ聖堂には、意に染まぬ求婚者をこばみ石に変えられた、誇り高い姫君の伝説が語り継がれている。

シヴァ、ブラフマー、ヴィシュヌのヒンドゥー教三主神の像をまつるロロ・ジョングランは、八五〇年頃にマタラム朝のピカタン王が王家の霊廟として建立したといわれる。ところが十六世紀に地震で崩壊し、一九三七年に復元の手が入るまで長らく瓦礫《がれき》の山と化していた。現在も周囲には手つかずの石材が無数に横たわる。大小二五〇余という周辺の祠堂《しどう》がすべて復元されたなら、その壮観はいかばかりだろう。

シヴァとブラフマー聖堂の回廊には、古代インドの叙事詩ラーマーヤナの物語が浮き彫りされている。動物や人々がいきいきと躍動するレリーフは、ヒンドゥー・ジャワ美術の最高傑作として名高い。

ヒンドゥー遺跡の最高峰である。

プランバナン寺院群の代名詞ともいえるこのロロ・ジョングランは、インドネシア・

ピラミッドより古い巨石建造物

㊷マルタの巨石神殿群

マルタ

アクセス　ヴァレッタからバスで行けるところもあるが、一般的には車を利用。ゴゾ島へはヴァレッタからフェリーで25分
所在地　マルタ島およびゴゾ島
登録名　Megalithic Temples of Malta

コバルトブルーに輝く地中海。その真ん中にぽっかり浮かぶマルタ島と少し北のゴゾ島から、巨大な石でつくった建築物が発見されたのは二十世紀初頭。約三〇もの巨石神殿のなかには、エジプトのピラミッドよりもさらに古い時代のものがあるとわかり、話題となった。

もっとも古いものは、ゴゾ島のグガンチャ神殿。紀元前三〇〇〇年頃、何トンもの巨大な天然石を積み上げてつくられた。保存状態はたいへんよく、マルタ島にあるハガールキム、タルジェン、ムナイドラ、タ・ハグラット、スコルバの五つの巨石神殿とともに世界遺産に登録されている。

いずれの神殿も丸い房のようなふたつの神殿を左右対に配置し、上空から見ると乳房を連想させるつくり。神殿内部には、祭壇や生贄《いけにえ》用の穴、巫女《みこ》が占いを口伝した窓などが残り、新しい時代の神殿には装飾模様も施されている。また、遺跡からは豊満な母神像も出土し、太古の女性崇拝のさまや宗教観が偲ばれる。

ムナイドラ神殿。マルタのほかの神殿と同じく、ふたつの神殿を左右対に配する。

ゴゾ島には大昔、巨人女性がいたという。彼女はいくつもの大きな石を運びこみ、切ったり積み上げたりして、巨大な神殿を完成させた。彼女の死後、島民たちは母神としてまつり、神殿には巨人を意味するグガンチャという名をつけた。

そういう伝説を素直に信じたくなるほど、マルタ群島に残る神殿には、巨大な石が用いられている。高さ六メートル、重さ数トンに及ぶ石を、いったいどうやって運んだのだろうか。

周辺の大地に刻まれた二本の溝の跡。まるで古い轍《わだち》のように見える。また、ゴロゴロころがっているスイカ大の球形の石は、コロに使われたものであろうか。数々の謎の解明が待たれている。

ゴゾ島のグガンチャ神殿は、紀元前3000年頃の建造。天然石を積み上げてある。

ハガールキム神殿は比較的新しい時代のもの。巨石間がすきまなく接合されている。

タルジェン神殿から発掘された豊満な母神像の下部。マルタ島一帯で信仰されていた。

樹海のなかの優雅な神殿

㊸ 古代都市ウシュマル

メキシコ

アクセス　メリダからバスで約1時間。メリダからは遺跡をめぐるツアーがある
所在地　ユカタン州ウシュマル
登録名　Pre-Hispanic Town of Uxmal

古代マヤ人は、高度な文明をもつ神殿都市を密林のなかにいくつもつくってきた。そのひとつ、ウシュマルは六〇〇年から九〇〇年にかけて政治経済の中心地としてユカタン半島北西部に栄えた都市である。鬱蒼《うっそう》とした森をぬけてウシュマル遺跡に入ると、まず目に飛びこんでくるのが「魔法使いのピラミッド」。興味をそそられるこの名前は、伝説に由来する。魔法使いの老婆がかえした卵から産まれた小人が、一夜にして築いたというのだ。

実際は四、五〇〇年間にわたって建設された五層建築で、楕円錐状のフォルムがじつに優雅だ。直線的な意匠の多いマヤの建築物のなかではとくに珍しく、訪れた人をいきなりマヤ文明の世界へ引きずりこむような魅力がある。正面にある急傾斜の階段を上ると、歓声をあげたくなるほどの大パノラマ。果てしない緑の樹海のなかに浮かぶ遺跡群は壮麗異観である。

丘陵地（プウク）に発達したため、その建築様式はプウク様式と呼ば

建造物の多くに、雨の神チャックのモザイク装飾が施されている。

れる。なかでも「総督の館」と「尼僧院」の洗練された建物は、もっとも美しいマヤ建築のひとつ。外壁上部は、切石のモザイクでふんだんに装飾が施され、タイル風に化粧張りした下部と絶妙のコントラストを見せる。切石モザイクのモチーフには幾何学模様のほか、雨の神チャックが数多く登場する。雨季と乾季が半年ごとに訪れるウシュマル。壁面にびっしり並ぶチャックの顔に、人々の雨への思いがうかがえる。

階段が天へと続き、楕円錘状の美しいフォルムが印象的。

ウシュマル遺跡の入口にそびえる「魔法使いのピラミッド」は高さ約30m。急勾配の

精霊の名をもつアクロポリス

㊹ キレーネの遺跡

リビア

アクセス ベンガジからアル・ベイダまでバス、そこからバスまたはタクシー
所在地 ジャバル・アクダル県
登録名 Archaeological Site of Cyrene

山野を駆けめぐり、鹿やライオンを追っては闘いを挑みかけることの好きな泉の精霊がいた。彼女の名はキレーネ。美しいキレーネを見初めた天上の神アポロンは、地中海沿岸の地リビアに彼女を連れ去り、そこで二人の子をもうけたという。

こういうギリシア神話にちなんで命名されたキレーネに、飢饉《ききん》と人口増加に苦しむギリシア人たちが移住してきたのは紀元前七世紀。アポロンの神託によるという。北アフリカの砂漠地帯にあって緑のオアシスが点在する理想の土地に、都市国家が建設された。紀元前六〇〇年頃には、すでに二〇万人を超える人口があったと推定される。

ここでもっとも古い遺跡はアポロンに捧げられた神域と神殿。紀元前七～前四世紀にかけて建造された。ローマの属州となってのち、神殿は、ギリシア式の円形劇場や広場などとともにローマ式につくりかえられ、浴場やバシリカの遺構も残っている。丘の上から見晴らせるアクロポリスは、廃墟となった今も厳《おごそ》かな雰囲気を漂わせている。

高台から望むキレーネ遺跡。貴重なヘレニズム時代のヴィーナス像も出土している。

には、アテネ、シラクーサに次ぐ第3のアクロポリスといわれた。

リビア東海岸に古代ギリシア人によって建設されたキレーネのアクロポリス。最盛期

砂漠の砂に埋もれていた古代ローマ都市

㊺ レプティス・マグナの遺跡

リビア

アクセス　トリポリからバス、またはタクシーで2〜3時間
所在地　エル・マルゲップ県、トリポリの東120km地中海沿い
登録名　Archaeological Site of Leptis Magna

何世紀もの間、砂に埋もれていた宝物。そう表現しても誇張とは思えないのが、古代ローマの植民都市レプティス・マグナである。一九二〇年代から第二次世界大戦後の数次にわたって、イタリア人考古学者がリビア北西部の砂のなかから遺物の数々を発掘。出土した建築物や彫刻物などの遺存《いそん》状態のよさ、芸術性の高さは考古学者を驚かせた。

地中海に面し、アトラス山脈とサハラ砂漠に囲まれたレプティス。紀元前十世紀前後から貿易中継地として繁栄していたこの都市は、紀元前四六年にローマの植民地となった。レプティスの名に、マグナ（偉大な）という形容詞がつけられ、広大な公共浴場、海を見晴らす半円形劇場など多くの建築物が建てられた。小浴場の壁面には狩猟図が残っているが、はっとするほど色鮮やかで時の隔たりを感じさせない。

レプティス・マグナの全盛期にあたる二世紀末から三世紀初め、この土地出身のセプティミウス・セウェルスがローマ皇帝として君臨し、さらなる建設事業が展開された。新たにフォーラム（広場）、神殿やバ

シリカ（公会堂）、凱旋門などがつくられ、街路や市場、港湾も整備された。建物には大理石がふんだんにつかわれ、豪華な装飾が施された。

フォーラム周辺の柱を飾る顔のレリーフには存在感がある。

フォーラムやバシリカの柱や壁面には、神話や動植物などをモチーフにしたレリーフが優美な姿を保ち、訪れた者に栄華の時代を語りかけてくる。

セウェルス帝の功績を讃え、建造物の多くが彼の名を冠している。ローマの都市計画を実現したじつに贅沢な街だ。

人収容できる大きなもので、観客席からは美しい地中海が望める。

レプティス・マグナ遺跡のローマ式半円形劇場は１世紀初めにつくられた。約8000

聖堂も見どころのひとつ。未来から希望の光が降り注ぐかのよう。

第五章 都市の建築を楽しむ

都市そのものが美術館ともいえるブラジリア。教会とは思えない斬新なデザインの大

機能と美を追求した未来都市

46 ブラジリア

ブラジル

アクセス リオ・デ・ジャネイロ、またはサンパウロから飛行機で約1時間30分
所在地 ブラジル中央高原
登録名 Brasilia

ブラジルといえば真っ先に思い浮かぶのはアマゾンの大自然、リオのカーニバルの乱舞。だが、そういうイメージをまったく覆すのが、首都ブラジリアの景観であろう。

リオ・デ・ジャネイロから首都が移されたのは一九六〇年。クビチェク大統領の政策のもと、未開の高原はわずか五年足らずで、斬新なデザインの巨大都市に生まれ変わった。翼を広げた飛行機の形をした地に行政地区、住宅地区、商業地区などがはっきりと区分され、周囲を衛星都市が取り囲む。

国会議事堂、最高裁判所、大統領府、外務省、国立劇場、大聖堂など、機能的かつ美的な建築技術の粋を集めた建物の並ぶさまは、まさに近代建築の美術館といえよう。一方でブラジリアはこのために長い間批判されつづけた。あまりに非人間的な都市だというのである。

しかし、建都後四〇年を経た今、街中に緑は溢れ、人口も一八〇万人を超えた。治安もよく、活気ある都市に成長しつづけている。

三権広場に立つ国会議事堂。議員会館を挟んで左に上院、右に下院がある。

映画に出てくる未来都市のようだ。立体交差で信号のない道路が直線、曲線を描く。

じつに素敵なドン・ボスコ聖堂の光の演出。ブラジリアの建物は内部も凝っている。

精緻な石組みに驚くインカ帝国の古都

㊼ クスコ市街

ペルー

アクセス　リマから飛行機で約1時間
所在地　ペルー南部の山岳地帯、リマの南東約570km
登録名　City of Cuzco

眼下にアンデス山脈を眺めつつリマから一時間。すり鉢状になった盆地の底に赤茶色の美しい家並みが見えてくる。太陽を崇拝し、高度な文明を築いてきたインカ帝国の古都クスコだ。

インカ帝国がもっとも繁栄した十五世紀、聖都クスコには太陽の神殿を中心に宮殿などが建てられ、街路は格子状に美しく整備された。神殿の壁には黄金の板がはめこまれていたという。郊外には巨石を組んだ石垣が三〇〇メートルも続く城塞、サクサイワマンがつくられた。

今クスコの街で目につくのは、十六世紀に侵略したスペイン人が建てた壮麗な聖堂や修道院。回廊やバルコニーのある住宅なども落ち着いた雰囲気。が、一歩路地に入ると、壁にはインカ時代の精巧な石組みが残る。巨石をぴったりと組み合わせる技術はみごとで、植民地時代の建物も礎石にはインカの石組みをそのまま利用している。

石畳の道を歩きながら感じとる独特の空気。ここクスコは、インカと征服者の文化が絶妙に交じり合って不思議な魅力を漂わせる街だ。

アルマス広場に面して大聖堂や聖堂が立つ。インカ時代から広場は街の中心であった。

ルネサンスとバロック両方の様式をもつ大聖堂。インカ時代の宮殿跡に建てられた。

「剃刀(かみそり)の刃一枚通さない」といわれるほど精緻な石組みが残るクスコの路地。

楽園に築かれた世界最古のモスク

㊽古代都市ダマスカス

シリア

アクセス　ダマスカス国際空港から市内までバスか車で約30分
所在地　ダマスカス
登録名　Ancient City of Damascus

城壁に囲まれたダマスカス旧市街の中心、ウマイヤ・モスクの門をくぐるとイスラム教徒でなくとも厳粛な気持ちになる。水場で身を清め、切妻《きりづま》屋根の礼拝堂に入ると、なかは絨毯《じゅうたん》敷きの広大な空間だ。見渡すと、座りこんで目を閉じる者、世間話をしている男たちなどは案外くつろいでいるように感じられる。イスラムの人々にとって礼拝という行為は神聖な営みであると同時に、日々の暮らしにしっかり根づいた生活の一場面だからなのだろうか。

シリアの首都ダマスカスは六〇〇〇年もの歴史を誇るオアシス都市である。豊かな水と自然に恵まれた街の姿は「楽園」と称えられ、コーランのなかでエデンの園と引き合いに出されるほどだった。現在は近代ビルや車で溢れるアラブ最大の都市だ。

イスラム帝国の首都となったのは七世紀半ばのことである。ウマイヤ・モスクが建立されたのは七一五年。現存する世界最古のモスクである。もともとこの場所は太古からの聖域で、ローマ時代には神殿が、

ハミディエ・スーク（市場）にはローマ時代の列柱が残っている。

ウマイヤ・モスクの中庭。モザイク装飾の屋根の建物が礼拝堂。

ビザンチン時代には聖ヨハネ聖堂があったのだが、イスラム最初の王朝ウマイヤ朝がその権威を誇示するために取り壊し、壮大なモスクを建造したというわけだ。しかし礼拝堂の中には聖ヨハネの墓があったり、キリスト教的なモザイク装飾が施されていたりと、イスラム教のなかにキリスト教が混在しているのが興味深い。

後期オスマン・トルコ時代のアゼム宮殿では当時の生活を再現している。

られる。広大な空間を埋め尽くす絨毯は信徒の寄進。

ダマスカスのウマイヤ・モスク。モザイク装飾にはビザンチン芸術の影響が顕著に見

ムガール帝国の栄華を伝える宮廷建築

49 ラホール城塞とシャーリマール庭園

パキスタン

アクセス　イスラマバードから飛行機で約45分
所在地　パンジャブ州北東部ラホール
登録名　Fort and Shalamar Gardens in Lahore

パキスタンの東端の街ラホールは、ムガール帝国黄金時代の面影が色濃く残る古都である。十六世紀末、第三代アクバル帝が城をつくって以来、代々の王は次々と壮麗な宮殿やモスクを築いた。

アクバル帝が建造したマスティ門や城壁は赤砂岩を積み上げた、どちらかというと機能重視の簡素なつくりだ。しかし権力者はいつの時代も壮大できらびやかな装飾を好むものらしい。なかでもタージ・マハル建設で有名な第五代シャー・ジャハーンは、白大理石を好み、宝石やモザイクで豪華な装飾を凝らした建物を建造した。そのひとつ、愛妃の居室は「鏡の宮殿」と呼ばれ、部屋一面を鏡モザイクで埋め尽くされた万華鏡のようだ。ラホール郊外のシャーリマール庭園もシャー・ジャハーン帝が王族の保養地として造営したもの。

城の西隣にあるバードシャーヒ・モスクは一度に六万人が礼拝できるインド亜大陸最大のモスクだ。一六七三年、第六代アウランゼーブの建立。しかし帝国の隆盛期はこの頃から下り坂を迎えることになる。

バードシャーヒ・モスク。赤砂岩の外壁と白大理石のドームのコントラストが美しい。

ラホール城塞の正門、アーラムギーリ門は第６代アウランゼーブの建立。

水路で四分した庭、ラホール城の「チャハルバーグ」は楽園を再現している。

シルクロードを照らす中世の博物館都市

㊿ブハラ歴史地区

ウズベキスタン

アクセス　タシケントから飛行機で約1時間30分。サマルカンドからバスで約8時間
所在地　ブハラ州タシケントの南西約450km
登録名　Historic Centre of Bukhara

シルクロードの要衝として知られるブハラの歴史は、いくたびもの戦乱による破壊と再興の繰り返しだった。八世紀にアラブ人の侵略によってもたらされたイスラム教が、その後の戦乱のなかでも深く浸透し、権力者たちは数多くの建造物を築いた。

この街でまず目に飛びこんでくる建造物といったらカリヤン・ミナレット（大きい光塔の意）だろう。隊商の道しるべだったこの塔は一一二七年に完成、高さ約四六メートル。遠くから眺めるだけではなく近くからじっくりと見上げてほしい。レンガの精緻な組み方とその多彩な表情に驚かされる。現在、ブハラに残る史跡のほとんどが十三世紀のモンゴル猛襲以降のものだが、この塔はイスマイル・サマニ廟（九〇〇年建造）とともに幸運にもチンギス・ハーンの攻撃を免れた。

十五〜十六世紀のブハラ最盛期の建造物はタイルによる装飾が美しい。ミリ・アラブ・マドラサなどがその代表。四世紀以上も続くこの神学校には今もエリートたちが学んでいる。

ブハラのミリ・アラブ・マドラサ。1536年創建、現在も存続している神学校。

中央アジア最古のイスラム建築イスマイル・サマニ廟。陰影のある壁面装飾が特徴。

砂漠の灯台、カリヤン・ミナレットは14世紀には死刑台としても使われた。

コラム

ヨーロッパの街並み保存

二〇〇〇年一〇月現在、世界遺産登録六三〇カ所のうち、二七五カ所がヨーロッパにあり、そのなかには中世以来の美しい街並みを残す都市が数多く含まれている。ヨーロッパを旅すると、旧市街の中心にはたいてい、市場広場と市庁舎、大聖堂が都市のランドマークとしてあり、日本でいえば鎌倉・室町時代にまで遡れるほどの歴史の街に、増改築を繰り返しながら、現在もなお、人々が実際に暮らしていることに驚かされる。とりわけこの一〇〇年の間には、生活様式が大きく変貌を遂げたにもかかわらず、街並みがよく保存されているのは、市民たちの大きな意志が働いているからにほかならない。

世界遺産に登録されているポーランドの首都ワルシャワの歩みを見てみよう。ヨーロッパの中央に位置するポーランドは、十七世紀以降、次々に列強の侵攻や戦火にあっている。第二次世界大戦のはじめには、三週間にわたるナチス・ドイツの爆撃を受け、街は徹底して破壊された。

壊滅的な打撃を受けたワルシャワ　1946年2月

完璧に復元されたワルシャワ歴史地区

さらに大戦末期には、ワルシャワ市民が首都を解放しようと立ち上がったことに対し、ドイツ軍が建物を火炎放射器で焼き払って報復した。この結果、市街の八五パーセントが瓦礫《がれき》となり、都市の財貨の七五パーセント、人命の六六パーセントが失われたという。

まるで映画のセットのようなテルチ歴史地区

終戦後、ポーランド国民は結束して首都の再建に取り組んだ。それを可能にしたのは十八世紀に国王がヴェネツィアの画家カナレット(ベルナルド・ベロット)に命じて描かせたワルシャワの絵が多く残っていたからだ。絵画、写真、図面をもとに「壁のひび一本まで」失われた街並みのすべてを忠実に再現しようと計画された。こうしてわずか五年後には戦災前より古い姿で街がそっくり復元されたのである。

また、十六世紀に大火で街のほとんどが焼失したチェコのテルチでは、市長が家主に建物をルネサンス様式と初期バロック様式で設計することを命じた。ただし、建物の正面は各自の自由であった。市民たちは競ってこの部分のデザインを工夫し、街が再現された。計画都市テルチには一九八九年の自由化以来、多くの観光客が訪れ、映画のロケにも使われている。

中世ヨーロッパの各都市は独自の自治権をもち、都市の運営も市民たちの手に委《ゆだ》ねられていた。この伝統が今日にも生きつづけ、彼らは自らの街を誇りとして、街並みの保存に全力を傾けている。

ロシアが誇る珠玉の建築群

㊿ モスクワのクレムリンと赤の広場

ロシア

アクセス　シェレメーチェヴォー2空港からリムジンバスで約1時間
所在地　モスクワ市
登録名　Kremlin and Red Square, Moscow

赤や青など鮮やかな縞模様に彩色された玉葱《たまねぎ》形のドーム。遊園地にあっても違和感がないくらい派手で楽しい建物だ。十六世紀に建てられたこの聖ヴァシーリー寺院は、モスクワの赤の広場のシンボルである。赤の広場の中央には、レーニンの遺体を安置した廟《びょう》が立つ。そしてその奥に、モスクワの中枢クレムリンが控える。クレムリンとは城塞の意味で、モスクワが十四世紀にロシア大公国の首都となって以来、城塞内部には華やかな建造物が造営されつづけた。

歴代皇帝の戴冠式が行われたウスペンスキー大聖堂、「黄金の屋根の聖堂」と呼ばれるブラガヴェシチェンスキー聖堂など、優美な聖堂が立ち並ぶ。金地の聖母や聖人像を壁全体に掛け並べたイコノスタシスは、ビザンチンの流れを汲《く》んだロシア正教の精華である。皇帝のモスクワにおける居城だった大クレムリン宮殿は、儀式用のグラノヴィータヤ宮殿などを取りこむ形で造営された。合わせて七〇〇もの部屋が豪華に装飾され、ロマノフ朝の絢爛たる宮廷文化を象徴している。

クレムリンのブラガヴェシチェンスキー聖堂。皇帝の私的な聖堂であった。

グラノヴィータヤ宮殿の「謁見の間」。中央の太い柱１本で天井全体を支える。

塔の下は、かつて皇帝の行列が通った主玄関門である。

モスクワの赤の広場に立つ聖ヴァシーリー寺院(左)と、クレムリンのスパスカヤ塔(右)。

驚異に満ちたローマの劇的空間

52 ローマ歴史地区

イタリア・バチカン

アクセス　フィウミチーノ空港から市内のテルミニ駅まで直通列車で約30分
所在地　イタリア中部、ラツィオ州ローマ市街
登録名　Historic Centre of Rome, the Properties of the Holy See in that City Enjoying Extraterritorial Rights and San Paolo Fuori le Mura

ローマは世界の歴史上、もっとも重要な「建築都市」である。その二八〇〇年の歴史からはまったく奇跡と思えるほど、多数の古代ローマ遺跡や中世、ルネサンス、バロックの建築が生き残っている。それも人の住まない郊外の遺跡群としてではなく、人が集中して住み、車が威勢よく駆け抜ける大都市のなかに生々しく存在しているのである。

ローマ帝国最盛期の領土は、今のイタリアの二四倍という空前のものだったが、その首都ローマは決して大きな街ではない。街を歩けば、帝政期のメインストリートであったフォロ・ロマーノの数々の列柱をくぐり抜け、戦車競争に熱中する大歓声が響いたであろうコロッセオや、厳《おごそ》かなローマ神殿パンテオンを次々と目撃することになる。ミケランジェロが力をふるったサン・ピエトロ大聖堂に向かう道では、中世の要塞サンタンジェロ城のいかめしい偉容を横目で見、トレヴィの泉にコインを投げに行けば、途中のナヴォーナ広場など、いたるところで創意を凝らした官能的なバロックの噴水に出くわす。次の角を曲

がれば、今度はどんな驚きの空間が待っているのか……。ローマはそんなわくわくする期待に満ちた街なのだ。

ローマ帝国の政治・経済の中心であったフォロ・ロマーノ。

この祝祭的な都市空間は、十六世紀末の教皇シクストゥス五世が着手したローマ改造から始まっている。ベルニーニやボッロミーニなどバロック芸術の奇才が都市計画家として活躍し、古代から祝祭好きのローマ人にふさわしい、演劇的な驚異に満ちた都市をつくりあげた。

や地下室が見えている。

ハドリアヌス帝のパンテオン。

パンテオン内部の厳粛な空間。

ローマ最大の円形闘技場コロッセオ。楕円形のアレーナ(舞台)の床が崩れて、通路

二〇〇〇年の時を超えたローマの水道橋

⑬ セゴビア旧市街とローマ水道

スペイン

アクセス　マドリードからバスで約1時間30分、列車で約2時間
所在地　カスティーリャ・イ・レオン地方セゴビア県、マドリードの北西60km
登録名　Old Town of Segovia and its Aqueduct

緑の森に囲まれた崖の上に、青い三角屋根をのせた白い城が浮かぶ。後方の山々は青く霞《かす》み、あたりはおとぎ話の世界そのものである。アルカサル（城）はディズニー映画の「白雪姫」の城のモデルとしても知られ、十二世紀以降はカスティーリャ王国の居城が置かれていた。イベリア半島のイスラム勢力を駆逐し、またコロンブスのよき理解者でもあったイザベル一世は、この城で戴冠している。

セゴビアの歴史は古く、その起源はローマ時代にまで遡る。街の南にはトラヤヌス帝時代の水道橋がほぼ完全な姿で残されている。巨大な橋の全長は八一三メートル。二層のアーチをもち、高さは二九メートルもある。漆喰《しっくい》などの接合剤はいっさい用いられていないというから、ローマ人の技術の高さには驚嘆する。青空に威風堂々とそびえる石積みの橋を眺めていると、ただひたすら圧倒されて言葉を失う。

旧市街には数々の美しい聖堂があり、「貴婦人」と称される大聖堂、六層の鐘楼を備えるサン・エステバン聖堂など見どころは多い。

アルカサルは標高1000mのセゴビア市街の高台に立つ。かつては軍事上の要衝。

1906年まで実際に使用されていた。

セゴビアにあるローマの水道橋は１世紀の建造。花崗岩を積み重ねただけでつくられ、

石の装飾が彩るスペイン最古の大学都市

㊹ サラマンカ旧市街

スペイン

アクセス　マドリードからバスで2時間30分、列車で約3時間30分
所在地　カスティーリャ・イ・レオン地方サマランカ県、マドリードの西北約233km
登録名　Old City of Salamanca

夕暮れどき、トルメス川にかかるローマ橋から大聖堂を望む。緑豊かな街並みの上に、黄金色に輝くふたつの尖塔がそびえる。小さな尖塔で複雑に装飾された旧大聖堂と新大聖堂は、夕日のなかに美しく調和してたたずんでいる。

サラマンカは、ボローニャ、パリに次いでヨーロッパで三番目に古い大学町だ。学芸の中心地として長い歴史を誇る街には、文化財的価値の高い建造物が数多く残る。なかでも、ひときわ奇抜な装飾で目を引くのが「貝の家」。外壁にあしらわれたホタテ貝のレリーフは、じつに四〇〇個を数える。サンティアゴ騎士団の騎士が建てた邸宅で、ホタテ貝は聖ヤコブ(サンティアゴ)を象徴している。精緻な細工の貝殻は、ひとつひとつ石を彫ったもの。こうした石の彫刻で飾られた建築はプラテレスコ様式と呼ばれ、サラマンカ付近で採掘される軟質の石を用いた、スペイン独自の様式である。

サラマンカ大学(一二一八年創立)は、プラテレスコ様式の傑作。石

マヨール広場を囲んで富裕者の邸宅が建てられた。「貝の家」もそのひとつ。

のファサードは、フェルナンド二世と妻イザベル一世の胸像をはじめ、おびただしい数のモチーフで埋め尽くされる。黒《こく》檀《たん》の透かし彫りのように自在に彫りこまれた壁面は、全体がうごめくような量感で迫ってくる。学問に誠実であることを重んじた大学は、コペルニクスの地動説をいち早く容認したことでも知られ、付属図書館は中世以来の膨大な蔵書を誇る。

　街の中心にあるマヨール広場は、十八世紀にチュリゲーラ兄弟の設計で建設されたもの。広場に面して壮麗な建築が立ち並び、「スペインでもっとも美しい広場」と称讃される。彫刻で豪奢に飾られた市庁舎や王立パビリオンは、スペインバロックを代表する建築である。

マヨール広場の市庁舎。チュリゲーラ様式と呼ばれる彫刻を多用したバロック建築。

ローマ橋と大聖堂。左に見える新大聖堂と右側の旧大聖堂が背中合わせに立つ。

『ドン・キホーテ』の著者セルバンテスも学んだサラマンカ大学のファサード。

大学付属図書館。左側の赤と青で彩色された扉の奥にも貴重な書物を収蔵。

独仏文化が交差し融合した都市

㊺ ストラスブール旧市街

フランス

アクセス　パリから飛行機でエンツアイム空港まで約１時間。空港からバスで約30分
所在地　アルザス地方バ・ラン県
登録名　Strasbourg-Grande Ósie

すれ違う人の言葉を聞いて、国境の街にいることを知る。それまで聞いていたフランス語とは違う、しかし国境の向こうのドイツ語でもない。ここでは今も土地の言葉、アルザス語が話されているのだ。

川辺のプティット・フランス（小さなフランス）地区は、かつては革なめし職人などが住んだ街であった。この地方独特の装飾が施された黒い木骨組みの白壁や、看板代わりに壁に描かれたフレスコ画など、十六～十七世紀の街並みがそのまま残っており、まるでタイム・スリップしたような錯覚を覚える。グーテンベルクやカルバン、そしてゲーテもこんな風景のなかを歩いたのだろうか。ゲーテを圧倒し「これぞ、われらが建築だ」と感嘆させたノートル・ダム大聖堂も、変わらぬ壮大な姿を見せてくれる。十三世紀ゴシック建築の代表作であるこの大聖堂は、薔薇《ばら》色の赤い石材の色合いがじつに独特だ。

「街道の城＝ストラスブール」というその名にふさわしく、水陸に発達した交通網が走る。人々が行き交い、その経済力を背景に七〇〇年

も昔に自治権をもった自由都市であった。開かれた雰囲気と豊かな経済力。この魅力的な街をめぐって、何度もフランスとドイツで覇権が争われた。しかしここにいると、支配者が変わったとしても自分たちの街は変わらないという人々の自信と誇りを感じる。地理的にも欧州の中心に位置し、さまざまな国際機関が置かれた現在では、フランス、ドイツ両国だけでなく欧州全体の和解の象徴となりつつある。

垂直線を強調した大聖堂の造形。

ハーフティンバー(木骨組み造り)の街並み。

め、ときには富をもたらしたイル川は今もストラスブールを見守る。

街を取り巻くイル川からの眺め。水面に夕景が映りこむ。ときには敵の侵入をくいと

世界遺産とは

私たちが住む地球には、雄大な地形、多彩な動植物、古代人が残した壮大な遺跡など、人類と地球の歩みにとってかけがえのない遺産が数多くある。これらは、一度失ったら最後、人工では再び再現することが不可能な、人類共通の大切な〝宝〟である。未来に伝えていくには、民族や国境を越えた国際的な協力による保護が必要とされる。

このため、一九七二年、ユネスコ(国際教育科学文化機構)総会で「世界遺産条約」が採択された。これまで、別々に保護が考えられてきた、自然と文化の両方の遺産をひとつにまとめたのがこの条約の大きな特徴であり、現在一五八カ国が加盟している(日本は一九九二年に加盟)。

●世界遺産の登録

条約加盟国が、自国内の候補地を世界遺産委員会(条約締結国のなかから選ばれた二一カ国で構成)に推薦することから始まる。委員会の諮問機関によって調査と評価がなされ、毎年一回開催される世界遺産委員会で審査し、世界的に普遍的な価値を有すると認められれば「世界遺産リスト」への登録を決定する。

●世界遺産の種類と登録基準

世界遺産には、次の三つの種類があり、それぞれの基準が設けられている。

・文化遺産―記念工作物、建造物、遺跡。

①人間の創造的才能を表す傑作。

②建築物、技術、記念碑、都市計画、文化的景観の発展に大きな影響を与えたもの。

③現存する、あるいはすでに消滅してしまった伝統や文明の証拠を示すもの。

④ある様式の建築物の代表的なもの。
⑤ある文化を特徴づけるような伝統的集落や土地利用の例で、とくに存続が危うくなっているもの。
⑥世界的な出来事、伝統、思想、信仰、文学に関するもの。
・自然遺産──地形、生物、景観。
①地球の進化のおもな段階を示すところ。
②陸上、淡水域、海洋の生物の進化、また現在変化しつつある地質現象、人と自然の共生が如実に見られるところ。
③すばらしく美しい自然現象や景観が見られるところ。
④絶滅の危機にさらされている動植物の生息地や、野生の生物の多様性を保護するために重要なところ。
・複合遺産──文化と自然の両方の要素を兼ね備えたもの。それぞれの登録基準を、各ひとつ以上満たしていることが条件となる。

（登録基準は英文の原文を要約したもの）

●世界遺産基金

世界遺産の条約締結国は、遺産をもつ国が遺産保護に努めることに対し、援助を与えることを約束する。たがいに、保護に対する義務と責任を負うわけである。

世界遺産条約の成果のうち、もっとも重要なもののひとつは「世界遺産基金」の創設である。遺産基金は、条約を締結した国が出す分担金と寄付金から成り立っている。

この基金は、世界遺産に推薦するための事前の調査費、自然災害時・戦争勃発などの際の緊急援助、遺産の保存に携わる技術者養成費、また専門家・技術者の派遣、必要な機材の購入などに用いられている。

	㉖グアダラハラのカバーニャス孤児院	文化	C102
	㊸古代都市ウシュマル	文化	C162

アフリカ

アルジェリア	・ティムガッド	文化	A72
	・ジェミラ	文化	B46
	・タッシリ・ナジェール	複合	B158
ウガンダ	㉟ルウェンゾリ山地国立公園	自然	C136
エジプト	・メンフィス周辺のピラミッド地帯	文化	A62
	・アブ・シンベルからフィラエまでのヌビア遺跡群	文化	A60,66
	・古代都市テーベとその墓地遺跡	文化	B162
	・イスラム都市カイロ	文化	B212
エチオピア	⑬ラリベラの岩窟教会群	文化	C56
コンゴ	・カフジ＝ビエガ国立公園	自然	B114
ジンバブエ	・グレート・ジンバブエ遺跡	文化	A69
ジンバブエ・ザンビア	・ヴィクトリアの滝	自然	B131
タンザニア	・ンゴロンゴロ自然保護区	自然	A152
	・セレンゲティ国立公園	自然	B134
チュニジア	・カルタゴ遺跡	文化	B166
	⑭カイルアン	文化	C60
マダガスカル	㊲ツィンギ・デ・ベマラハ厳正自然保護区	自然	C143
マリ	・バンディアガラの断崖（ドゴン族の集落）	複合	B76
モロッコ	・フェス旧市街	文化	B198,208
	・アイト＝ベン＝ハッドゥの集落	文化	B72
リビア	㊹キレーネの遺跡	文化	C166
	㊺レプティス・マグナの遺跡	文化	C170

オセアニア

オーストラリア	・グレート・バリア・リーフ	自然	A156
	・ウィランドラ湖群地域	複合	B122
	・カカドゥ国立公園	複合	B124
	・ウルル＝カタ・ジュター国立公園	複合	B128
	㊱タスマニア原生地域	複合	C140
ニュージーランド	・テ・ワヒポウナム	自然	A160

ロシア	・キジ島の木造教会	文化	A182
	・サンクト・ペテルブルグ歴史地区	文化	B8,50
	・カムチャツカ火山群	自然	B91
	51モスクワのクレムリンと赤の広場	文化	C194

南北アメリカ

アメリカ	・イエローストーン	自然	A61,B98
	・ヨセミテ国立公園	自然	A110
	・グランド・キャニオン国立公園	自然	A114
	・ハワイ火山国立公園	自然	A130
	・自由の女神像	文化	B79
	・オリンピック国立公園	自然	B102
	・カールズバッド洞窟群国立公園	自然	B106
	28レッドウッド国立公園	自然	C109
	29エヴァーグレーズ国立公園	自然	C112
アメリカ・カナダ	27アラスカ・カナダ国境地帯の山岳公園群	自然	C104
カナダ	・カナディアン・ロッキー山岳公園群	自然	B94
アルゼンチン	・ロス・グラシアレス	自然	B116
	30バルデス半島	自然	C116
アルゼンチン・ブラジル	・イグアス国立公園	自然	A118
エクアドル	・ガラパゴス諸島	自然	A122
	・キト市街	文化	B24
キューバ	25オールド・ハバナとその要塞化都市	文化	C98
グアテマラ	・ティカル国立公園	複合	A96
チリ	・ラパ・ヌイ国立公園	文化	A94
ブラジル	・サルヴァドール・デ・バイーア歴史地区	文化	A56
	46ブラジリア	文化	C174
ベネズエラ	・カナイマ国立公園	自然	A126
ベリーズ	31ベリーズ・バリア・リーフ保護区	自然	C119
ペルー	・マチュ・ピチュの歴史保護区	複合	A100
	・ナスカとフマナ平原の地上絵	文化	A104
	・マヌー国立公園	自然	B108,112
	47クスコ市街	文化	C179
メキシコ	・プエブラ歴史地区	文化	A188
	・古代都市チチェン＝イツァ	文化	B144
	・古都グアナファトと近隣の鉱山群	文化	B202

	㊾サラマンカ旧市街	文化	C206
チェコ	・プラハ歴史地区	文化	B190
	㉒チェスキー・クルムロフ歴史地区	文化	C87
	・テルチ歴史地区	文化	C193
ドイツ	・ケルン大聖堂	文化	A168
	・ヴィースの巡礼教会	文化	A172
	・ヴュルツブルクの司教館、その庭園と広場	文化	B13
	・ポツダムとベルリンの宮殿と公園	文化	B16
	・フェルクリンゲン製鉄所	文化	B169
	❹アーヘン大聖堂	文化	C21
	㉓古典主義の都ワイマール	文化	C90
	㉔ハンザ同盟都市リューベック	文化	C94
ノルウェー	・ウルネスの木造教会	文化	B58
バチカン	❶バチカン・シティ	文化	C8
ハンガリー	・ブダペスト、ドナウ河岸とブダ城地区	文化	A36
フランス	・歴史的城壁都市カルカッソンヌ	文化	A24
	・モン＝サン＝ミシェルとその湾	文化	A164
	・パリのセーヌ河岸	文化	B80
	・ミディ運河	文化	B80
	・コルシカのジロラッタ岬、ポルト岬、スカンドラ自然保護区	自然	B82
	・アルケ＝セナンの王立製塩所	文化	B169
	❺シャルトル大聖堂	文化	C24
	❻アミアン大聖堂	文化	C28
	❼フォントネーのシトー会修道院	文化	C32
	㊿ストラスブール旧市街	文化	C210
ブルガリア	・リラ修道院	文化	A178
ポーランド	・ワルシャワ歴史地区	文化	C192
ポルトガル	・ポルト歴史地区	文化	B182
	❿バターリャの修道院	文化	C44
	㉑シントラの文化的景観	文化	C84
マルタ	・ヴァレッタ市街	文化	B186
	㊷マルタの巨石神殿群	文化	C158
ラトビア	・リガ歴史地区	文化	B194
ルーマニア	⓫モルドヴァ地方の教会	文化	C46
	⓬マラムレシュ地方の木造教会	文化	C50,52

イギリス	・ストーンヘンジ、エーヴベリーと関連遺跡群	文化	B138
	・アイアンブリッジ峡谷	文化	B168
	❾カンタベリー大聖堂、聖オーガスティンズ修道院、聖マーティン教会	文化	C40
イタリア	・ヴェネツィアとその潟	文化	A8,32
	・シエナ歴史地区	文化	A13,35
	・ポンペイ、エルコラーノ、トッレ・アヌンツィアータの遺跡	文化	A79
	・ラヴェンナの初期キリスト教建築物群	文化	A186
	・アルベロベッロのトゥルッリ	文化	B54
	・フィレンツェ歴史地区	文化	B170
	・サン・ジミニャーノ歴史地区	文化	B176
イタリア・バチカン	㊾ローマ歴史地区	文化	C198
エストニア	・タリン歴史地区	文化	A42
オーストリア	・ザルツブルク市街の歴史地区	文化	A28
ギリシア	・アテネのアクロポリス	文化	A76
	・ミケーネとティリンスの古代遺跡	文化	B142
	❷アトス山	複合	C14
	❸ダフニ、オシオス・ルカス、ヒオス島のネア・モニの修道院	文化	C18
クロアチア	・ドゥブロヴニク旧市街	文化	A40
スウェーデン	・ラップ（サーメ）人地域	複合	B87
スペイン・フランス	・サンティアゴ・デ・コンポステーラの巡礼路	文化	C36
スペイン	・古都トレド	文化	A16
	・グラナダのアルハンブラ、ヘネラリーフェとアルバイシン	文化	A20
	・歴史的城壁都市クエンカ	文化	B60
	・コルドバ歴史地区	文化	B178
	❽サンティアゴ・デ・コンポステーラ旧市街	文化	C34
	⓳バルセロナのカタルーニャ音楽堂とサン・パウ病院	文化	C76
	⓴バルセロナのグエル公園、グエル邸とカサ・ミラ	文化	C80
	(53)セゴビア旧市街とローマ水道	文化	C202

中国	・黄山	複合	A133
	・頤和園、北京の皇帝の庭園	文化	B30
	・麗江古城	文化	B63
	・敦煌の莫高窟	文化	B148
	⓱泰山	複合	C69
	㉞九寨溝の自然景観と歴史地区	自然	C133
	㊳万里の長城	文化	C146
トルコ	・イスタンブール歴史地区	文化	A46
	・ギョレメ国立公園とカッパドキアの岩石群	複合	A146
	・ネムルト・ダア	文化	B152
日本	・白神山地	自然	A107
	・法隆寺地域の仏教建造物群	文化	A107
	・姫路城	文化	A107
	・古都京都の文化財	文化	A108
	・原爆ドーム	文化	A108
	・白川郷・五箇山の合掌造り集落	文化	A108,B66
	・厳島神社	文化	A109
	・古都奈良の文化財	文化	A109
	・日光の社寺	文化	A109,B34
	・屋久島	自然	A107,136,142
ネパール	⓲カトマンズの谷	文化	C72
	㉜サガルマータ国立公園	自然	C126
	㉝ロイヤル・チトワン国立公園	自然	C130
パキスタン	・モヘンジョ・ダーロの古代遺跡	文化	B150
	㊾ラホール城塞とシャーリマール庭園	文化	C186
フィリピン	・フィリピン・コルディレラの棚田	文化	B69
ベトナム	・ハー・ロン湾	自然	A139
	・フエの建造物群	文化	B28
ヨルダン	・ペトラ	文化	A83
ヨルダンによる申請	・エルサレム旧市街とその城壁	文化	A61,194
ラオス	⓰ルアン・プラバンの町	文化	C66
ヨーロッパ			
イギリス	・ジャイアンツ・コーズウェーとコーズウェー海岸	自然	A150
	・ウェストミンスター宮殿・大寺院、聖マーガレット教会	文化	B20

総索引

・小学館文庫「世界遺産55」シリーズの地域別・国別総索引である。
・ページの欄のAは「厳選 55」、Bは「行ってみたい 55」、Cは「太鼓判 55」のページを示す。
・本巻(「太鼓判 55」)収録の世界遺産には、項目番号❶〜㊺を記した。
・エッセイ、コラムで取り上げた世界遺産も含めた。

国名	遺産名	種類	ページ
アジア			
イエメン	・サナアの旧市街	文化	A50
	・シバームの旧城壁都市	文化	B205
イラン	・ペルセポリス	文化	A86
	・イスファハンのイマーム広場	文化	A191
	・チョーガ・ザンビル	文化	B155
インド	・サーンチーの仏教建造物	文化	A175,205
	・エローラ石窟群	文化	A176,210
	・カジュラーホの建造物群	文化	A214
	・タージ・マハル	文化	B38
	・ダージリン・ヒマラヤ鉄道	文化	B81
	㊴タンジャーヴールのブリハディーシュヴァラ寺院	文化	C150
インドネシア	・ボロブドゥル寺院遺跡群	文化	A60,198
	・コモド国立公園	自然	B120
	㊶プランバナン寺院遺跡群	文化	C155
ウズベキスタン	・ヒヴァのイチャン・カラ	文化	A53
	㊿ブハラ歴史地区	文化	C189
オマーン	・バフラ城塞	文化	A61
韓国	・石窟庵と仏国寺	文化	A202
カンボジア	・アンコール	文化	A60,90
シリア	・パルミラの遺跡	文化	B42
	㊽古代都市ダマスカス	文化	C182
スリランカ	・ダンブッラの黄金寺院	文化	A208
	⑮聖地キャンディ	文化	C64
タイ	㊵古都スコタイと周辺の古都	文化	C152

レイアウト　なかのまさたか
文　太田友子　小野さとみ
小西治美　舟津由香
郁野継雄　山浦秀紀
編集協力　市川由美　島田奈々子
地図製作　蓬生雄司(p.37)
写真提供　PPS通信社

撮影
Anbe, Mitsuo　47, 134-135, 174-175, 178, 190上, 191
Asai, Toshiki　188上下
Bean, Tom　107, 108下
Bishop, Randa　141上
Bognar, Tibor　35, 61, 73下, 74-75, 103上, 151, 180上下, 208上下
Bowman, Charles　63上
Burkard, Hans-J. / Bilderberg　104-105
Campbell, Bryn　65下
Champollio / Rapho　26-27
Changfen, Chen　146-147
Corbis　19下, 22上下, 29, 30, 31上下, 33上下, 37, 51, 89下, 92下, 103下, 117上下, 118上下, 131上, 右中, 右下, 左中, 144-145, 190下, 192上, 207, 209上下, 211上
Diascorn / Rapho　39
Donnezan / Rapho　79右下
Ferrero, Jean-Paul　142
Fiore / Explorer　167
Francke, Klaus D. / Bilderberg　19上
Frerck, Robert　100下, 163
Gavazzeni, Francesco　65上
Gerster, Georg　16-17, 48-49, 113, 114-115, 149, 160上, 193
Grames, Eberhard　25
Granitsas, Margot　20下
Grundmann, Ingeborg　95下
Hill, Martha　120-121
Hunter, George　108上
Ishihara, Masao　67, 68, 70-71, 200-201
Ishikawa, Takeshi　153下
Jules, Jean Guy　187
Kallay, Karol / Bilderberg　99
Komine, Noboru　164-165
Lessing, Erich　22-23, 62
Luider, Emi / Rapho　212-213
Matsumoto, Hiroyuki　177下, 203
Matsumoto, Hitomi　156-157
McLeod, Robert　41, 88, 89上, 153上, 154
Miake, Shingo　76-77, 79上
Minamikawa, Sanjiro　192下
Miyazawa, Hironobu　200下
Mizukoshi, Takeshi　128-129
Muench, David　110-111
Nagashima, Yoshiaki　181
Nomachi, Kazuyoshi　8-9, 11, 12上下, 13, 57上下, 58-59, 73上, 127, 137, 138上下, 138-139, 171, 172-173
Norenlin, Nils-Johan　82-83
North, Light Images　42-43
Okano, Koji　184-185
Osida, Miho　63下
Plage, Dieter / Bruce Coleman　131左下
Reiser, Andrej / Bilderberg　195上
Riel, Paul Van　91, 92上, 93, 96-97
Sappa / Rapho　168-169
Schliack, Amos　15上下
Sioen, Gedard / Rapho　100上, 101, 159, 160下, 161
Souders, Paul　141下
Starrex, Rudi Van　81上
Suzuki, Kaku　183下
Tobias, Heldt / FOCUS　177上, 203
Ujiie, Shouichi　38上下, 183上, 200上
Veggi, Giulio　45, 85上下
Vidler, Steve　81下, 86, 196-197, 199, 204-205, 211下
Wassman / Rapho　79左下
Werner, Otto　20上, 95上
Wolinsky, Cary　195下
Zdenek, Thoma　132

主な参考図書
『新潮世界美術辞典』(新潮社　1985年)
『みんなで守ろう　世界の文化・自然遺産』(全7巻　学習研究社　1994年)
『ユネスコ世界遺産』(全13巻　講談社　1998年完結)
『世界遺産を旅する』(全12巻　近畿日本ツーリスト　1998年)
『地球紀行　世界遺産の旅』(小学館　1999年)
『世界遺産年報2000』(日本ユネスコ協会連盟　2000年)
『地球紀行　世界遺産の旅2000』(小学館　2000年)

本書のプロフィール

本書は、当文庫のための書き下ろし作品です。

シンボルマークは、中国古代・殷代の金石文字です。宝物の代わりであった貝を運ぶ職掌を表わしています。当文庫はこれを、右手に「知識」左手に「勇気」を運ぶ者として図案化しました。

「小学館文庫」の文字づかいについて

- 文字表記については、できる限り原文を尊重しました。
- 口語文については、現代仮名づかいに改めました。
- 文語文については、旧仮名づかいを用いました。
- 常用漢字表外の漢字・音訓も用い、
  難解な漢字には振り仮名を付けました。
- 極端な当て字、代名詞、副詞、接続詞などのうち、
  原文を損なうおそれが少ないものは、仮名に改めました。

世界遺産《せかいいさん》 太鼓判 55

著者　世界遺産《せかいいさん》を旅《たび》する会《かい》・編《へん》

二〇〇〇年十一月一日　初版第一刷発行

発行者——山本　章

発行所——株式会社　小学館

〒一〇一-八〇〇一

東京都千代田区一ツ橋二-三-一

電話　編集〇三-三二三〇-五六一七

制作〇三-三二三〇-五三三三

販売〇三-三二三〇-五七三九

振替　〇〇一八〇-一-二〇〇

©Sekaiisan wo tabisurukai 2000

印刷所——図書印刷株式会社

デザイン——奥村靫正

造本には十分注意しておりますが、万一、落丁・乱丁などの不良品がありましたら、「制作部」あてにお送りください。送料小社負担にてお取り替えいたします。

Ⓡ〈日本複写権センター委託出版物〉本書の全部または一部を無断で複写（コピー）することは、著作権法上での例外を除き、禁じられています。本書からの複写を希望される場合は、日本複写権センター（☎〇三-三四〇一-二三八二）にご連絡ください。

Printed in Japan　ISBN4-09-417183-5

小学館文庫

この文庫の詳しい内容はインターネットで
24時間ご覧になれます。またネットを通じ
書店あるいは宅急便ですぐご購入できます。
アドレス URL http://www.shogakukan.co.jp